普通高等教育艺术设计类

"十三五"规划教材·数媒/动画专业

YOUXI MEISHU SHEJI

游戏美术设计

贾云鹏　张若宸　编著

中国水利水电出版社
www.waterpub.com.cn
·北京·

内 容 提 要

本教材的编写以培养游戏美术设计、游戏策划等应用型人才为目标，重点讲解游戏中与美术相关的各类设计要素与基础知识。全书共分为 6 章，包括游戏概论、游戏美术设计思维、数字绘画基础、游戏角色设计、游戏场景设计、三维游戏美术制作。全书的编写简单易懂，由浅入深，具有很强的实用性。

本书适合高等院校、高职高专等数字媒体和动画专业的学生作为教材或教辅使用，也可供兴趣爱好者学习参考。

图书在版编目（CIP）数据

游戏美术设计 / 贾云鹏，张若宸编著. -- 北京：中国水利水电出版社，2018.3（2021.9重印）

普通高等教育艺术设计类"十三五"规划教材. 数媒/动画专业

ISBN 978-7-5170-6006-2

Ⅰ. ①游… Ⅱ. ①贾… ②张… Ⅲ. ①游戏程序－程序设计－高等学校－教材 Ⅳ. ①TP317.6

中国版本图书馆CIP数据核字(2017)第267659号

书　名	普通高等教育艺术设计类"十三五"规划教材·数媒/动画专业 **游戏美术设计** YOUXI MEISHU SHEJI
作　者	贾云鹏　张若宸　编著
出版发行	中国水利水电出版社 （北京市海淀区玉渊潭南路1号D座　100038） 网址：www.waterpub.com.cn E-mail：sales@waterpub.com.cn 电话：(010) 68367658（营销中心）
经　售	北京科水图书销售中心（零售） 电话：(010) 88383994、63202643、68545874 全国各地新华书店和相关出版物销售网点
排　版	中国水利水电出版社微机排版中心
印　刷	天津嘉恒印务有限公司
规　格	210mm×285mm　16开本　10印张　315千字
版　次	2018年3月第1版　2021年9月第2次印刷
印　数	3001—6000册
定　价	**68.00元**

凡购买我社图书，如有缺页、倒页、脱页的，本社营销中心负责调换

版权所有·侵权必究

前　言

电子游戏诞生于 20 世纪 70 年代初期，经过 40 多年的发展，游戏已经超越了电影，成为数字娱乐业的头把交椅。中国的游戏行业起步于 21 世纪初期，伴随着科技的进步而发展迅猛。近几年，随着互联网的进一步发展和移动游戏市场的迅速扩张，国内游戏用户的规模持续扩大，网民中游戏玩家占比进一步提升。根据腾讯新闻发布的产业数据显示，截至 2016 年年底，中国游戏的市场规模预计达到 244 亿美元（约合人民币 1682 亿元），将成为亚太、全球第一大游戏市场。

中国游戏的迅猛发展，也暴露了游戏人才的巨大缺口。原因主要包括以下几个方面：首先，游戏在传统的教育观念中，习惯性地被视为玩物丧志的罪魁祸首，被视为洪水猛兽，这种传统观念无疑对游戏人才的培养形成了阻力，许多人才难以把游戏行业作为自己的终身事业而全心投入；其次，中国的游戏专业教育起步较晚，专业师资力量缺乏，人才培养与行业需求存在一定的脱节问题。

近几年，随着中国高校数字媒体专业的开设与发展，游戏设计专业教育的力度得到了一定的增强。数字媒体专业的毕业生也越来越多地进入游戏行业，从事游戏策划、美工、程序设计等工作，并取得了较好的职业发展。

本教材编写的目的，是为数字媒体和游戏设计专业的学生提供一本全面、系统的游戏美术设计方面的专业教材。综合理论知识、设计方法、数字绘画技法、三维制作技术，在游戏概论、游戏策划、游戏原画、游戏三维美术等方面，培养游戏美术设计的专业思维和实践技术。第 1 章介绍游戏的基本概念、游戏美术与其他游戏研发环节的关系；第 2 章系统介绍游戏美术设计的基本理论知识；第 3 章介绍游戏原画创作常用的数字工具，并结合案例具体讲解软件技术操作；第 4 章围绕游戏角色设计展开，并结合案例展示绘画过程；第 5 章围绕游戏场景设计，讲解设计理论和创作案例；第 6 章通过一个场景案例的制作过程讲解三维游戏美术的制作技术。

最后，衷心地希望本书能够为读者打开游戏美术设计的大门，为游戏美术设计实践提供支持，激发学习兴趣。

编者
2017 年 9 月

目　录

前言

第 1 章　游戏概论 ········· 2
1.1　游戏的定义 ········· 2
1.1.1　游戏是什么 ········· 2
1.1.2　游戏性 ········· 2
1.2　游戏发展史 ········· 8
1.2.1　游戏硬件的发展 ········· 8
1.2.2　游戏美术的发展 ········· 11
1.3　游戏的分类 ········· 21
1.3.1　按游戏载体分类 ········· 21
1.3.2　按游戏玩法分类 ········· 22
1.3.3　按游戏客户端属性分类 ········· 25
1.4　游戏引擎 ········· 26
1.4.1　定义 ········· 26
1.4.2　工作原理 ········· 26
1.4.3　诞生与发展 ········· 26
1.4.4　功能 ········· 26
1.5　游戏开发分工 ········· 27
1.5.1　游戏制作人 ········· 27
1.5.2　游戏策划 ········· 28
1.5.3　游戏美术 ········· 28
1.5.4　游戏程序 ········· 28
1.5.5　游戏声音 ········· 28
1.5.6　游戏宣发与运营 ········· 28

第 2 章　游戏美术设计思维 ········· 30
2.1　游戏美术设计与策划 ········· 30
2.2　游戏美术设计与世界观设定 ········· 31
2.2.1　世界观的定义 ········· 31
2.2.2　世界观的构建方法 ········· 31
2.2.3　世界观题材与美术风格 ········· 33
2.3　游戏美术分工 ········· 35
2.3.1　前期策划与设计 ········· 36
2.3.2　中期制作 ········· 36

2.3.3　后期应用与优化 ·· 40
2.4　游戏的视觉中心设计 ··· 40
2.4.1　视觉中心的定义 ·· 40
2.4.2　视觉中心设计与游戏性 ·· 40
2.4.3　视觉中心的动态创意 ··· 44

第3章　数字绘画基础 ·· 48

3.1　常用软件与手写板 ··· 48
3.1.1　常用的数字绘画软件 ··· 48
3.1.2　数位板 ·· 48
3.2　Photoshop 数字绘画常用工具 ·· 49
3.2.1　画笔工具 ··· 49
3.2.2　丰富画笔资源 ··· 50
3.2.3　自定义画笔工具 ·· 51
3.2.4　橡皮工具 ··· 55
3.2.5　套索工具 ··· 55
3.2.6　涂抹工具 ··· 55
3.2.7　自定义涂抹笔刷 ·· 57
3.2.8　渐变工具 ··· 57
3.2.9　工具叠加效果 ··· 58
3.3　Photoshop 数字绘画图层与调色 ··· 58
3.3.1　图层基本功能 ··· 58
3.3.2　图层效果 ··· 59
3.3.3　调整图层 ··· 60
3.3.4　图层蒙版 ··· 61

第4章　游戏角色设计 ·· 64

4.1　游戏角色设计基础 ··· 64
4.1.1　人体比例 ··· 64
4.1.2　骨骼与肌肉 ·· 65
4.1.3　人物动态 ··· 65
4.2　游戏角色设计概论 ··· 67
4.2.1　角色背景设定 ··· 68
4.2.2　角色原画类型与规范 ··· 70
4.2.3　角色形象设计与表现 ··· 72
4.2.4　动作与表情 ·· 75
4.2.5　角色的色彩设计 ·· 77
4.2.6　质感与细节 ·· 79
4.2.7　系列化与家族化 ·· 80
4.3　游戏角色设计实例解析 ··· 81
4.3.1　厚涂法绘画训练 ·· 81

  4.3.2　怪物类角色创作 …………………………………………………………………… 88
  4.3.3　卡通类角色创作 …………………………………………………………………… 90

第 5 章　游戏场景设计 …………………………………………………………………… 96

5.1　游戏场景设计基础 …………………………………………………………………… 96
  5.1.1　构图 …………………………………………………………………………… 96
  5.1.2　透视 …………………………………………………………………………… 103
  5.1.3　空间层次 ……………………………………………………………………… 105

5.2　游戏场景设计概论 …………………………………………………………………… 106
  5.2.1　世界观与场景美术风格 ……………………………………………………… 106
  5.2.2　场景原画类型与规范 ………………………………………………………… 110

5.3　场景设计实例解析 …………………………………………………………………… 112
  5.3.1　筛选构图进行深入 …………………………………………………………… 113
  5.3.2　透视构图与细化深入 ………………………………………………………… 118
  5.3.3　场景色彩厚涂法 ……………………………………………………………… 125

第 6 章　三维游戏美术制作 ……………………………………………………………… 130

6.1　三维游戏美术制作概述 ……………………………………………………………… 130
  6.1.1　美术资源与硬件限制 ………………………………………………………… 130
  6.1.2　模块化与元件化 ……………………………………………………………… 130
  6.1.3　制作流程、特点与规范 ……………………………………………………… 130

6.2　三维游戏场景制作实例讲解 ………………………………………………………… 132
  6.2.1　场景制作分析 ………………………………………………………………… 132
  6.2.2　草稿模型制作 ………………………………………………………………… 132
  6.2.3　模型组件的深入 ……………………………………………………………… 134
  6.2.4　拆分 UV ……………………………………………………………………… 137
  6.2.5　总场景组合 …………………………………………………………………… 138
  6.2.6　贴图制作 ……………………………………………………………………… 139
  6.2.7　三维效果表现 ………………………………………………………………… 148

作者简介 ………………………………………………………………………………………… 152

1

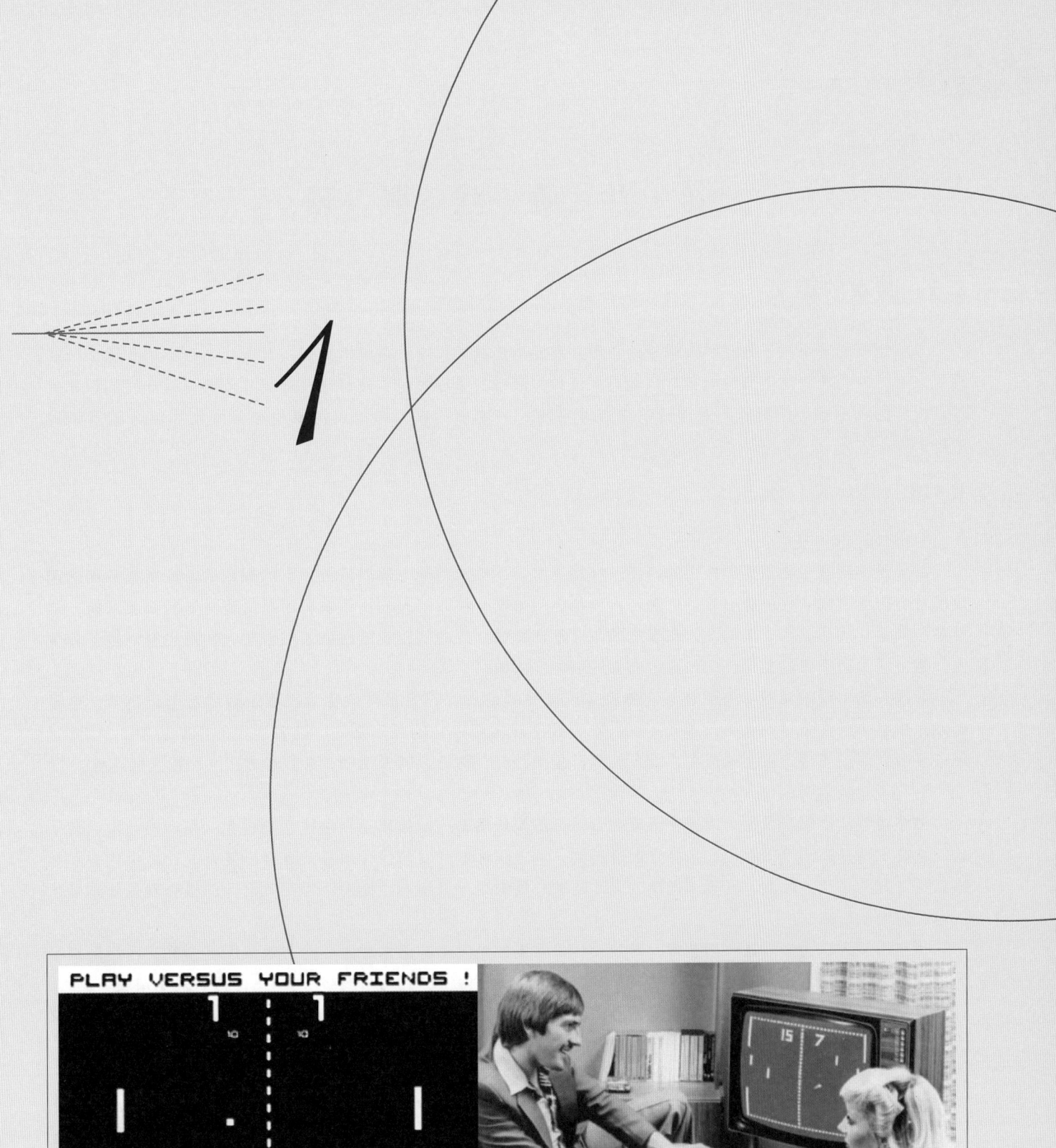

第1章 游戏概论

1.1 游戏的定义

本节主要内容是关于展开游戏概论的学习，目的是为了让大家更系统地认识游戏设计。在学习和记忆一些理论点时，时刻思考这些理论内容与游戏美术设计的联系，通过学习游戏概论提升对游戏美术设计的认识才是本章内容的真正核心。游戏专业理论的内容非常庞大，本书选取的知识点主要是与美术创作结合较紧密的内容。

1.1.1 游戏是什么

1. 游戏的定义

游戏是一种基于物质需求之上的，在一种特定时间、空间范围内遵循某种特定的规则的，追求精神需求满足的社会行为方式。它的历史可以追溯至人类社会的早期，那时的人们用石块和简易的道具进行棋类对抗，这便是游戏最早的形式了。人们设计和玩过的游戏不计其数，许多的游戏已经被人们遗忘，但是也有许多流传至今，甚至成为了儒雅的文化。例如人们熟知的围棋、象棋。

而现在通常说的游戏指的都是电子游戏（electronic games），它也常被称为视频游戏或者电玩游戏。电子游戏是依靠电子设备（如电脑、游戏主机）或者数字媒体所进行的娱乐活动。随着科技的不断进步，从 20 世纪末至今，游戏已经风靡全球成为广大年轻人喜爱的社交、休闲、娱乐活动，并且形成了一个巨大的产业。

2. 游戏的核心

电子游戏的出现与发展，以至今天成为全球性的娱乐活动，都依赖于科学技术的进步。游戏的开发、游戏功能的实现也是基于计算机语言与算法而进行的，游戏程序的开发与优化本身就是极度复杂的计算机代码和数据结构计算的过程。因此，许多人把游戏设计的核心看做是一门科学，他们认为游戏设计的核心就是处理技术问题实现游戏功能。

也有很多人认为游戏是一门艺术，游戏设计最需要的是灵感与艺术思维。而游戏发展至今确实已经形成了一种文化，它包罗万象：从游戏开发者和玩家特有的共通语言文字、到世界观、剧情，再到视觉审美、画面，乃至舞蹈、音乐等，由此有人称游戏为第九艺术。热爱艺术或者有美术背景的开发者们把游戏设计的核心定义为实现视听体验与审美感受。

其实这两种观点都不完全正确，他们对游戏核心的理解都是片面的。真正好的游戏应该是两者的结合体，它一方面包含丰富的文化内容体验能给人带来美的享受；另一方面又能像精密仪器般良好运行以实现游戏功能。可见，游戏既不是纯艺术，也不是纯科学，而是艺术与技术的完美结合，是一门综合的数字媒体艺术，它的发展和成熟开创的是一片全新的领域。游戏的真正核心也是一个崭新的概念，也就是下面要讲的游戏性。

1.1.2 游戏性

1. 认识游戏性的概念

游戏性不能从中文字意上看做是游戏的性质，这个词语其实是由英文 Game Play 翻译而来，从英文单词来看游戏性就是"玩"本身。"玩"可以说就是游戏最核心的特性，也是这个产品诞生的目的——娱乐。游戏性是游戏的本体与特性，游戏性的高低也直接决定着游戏的好坏。

《上古卷轴5：天际》是Bethesda工作室五年磨一剑的《上古卷轴》系列新作，发售于2011年11月11日。开发者为玩家展现了他们无限期待的魔幻大陆，从图1-1中能感受游戏内容的史诗感。这个世界也为《上古卷轴5：天际》赢得了超过2000万份的销量，成为史上销量最高的角色扮演类游戏之一，如图1-1所示。

图1-1 《上古卷轴5：天际》的游戏封面

下面，可以通过IGN（Imagine Games Network）对《上古卷轴5：天际》的评分来进一步认识游戏性这个概念。

如图1-2所示，可以从评分表中看到，游戏性与系统界面、画面、音效、耐玩度一样作为游戏的一项重要评分指标。从文字描述中不难发现，游戏性的高低其实是由玩家在玩游戏时的体验决定的，这种体验可以是游戏操控上的，也是视听感受上的，也可能是心理情感上的，也会是思想寄托上的。所以，游戏性其实是一种综合的游戏体验性，是由互动、系统、操纵、视听、玩法等要素合并在一起而形成的游戏乐趣，它并不是游戏内容的简单组合，而是一种让人能沉浸游戏之中的吸引力。作为游戏开发者与设计者，需要不断通过各种方式去提升这种游戏体验，把玩游戏的乐趣放大，并且让玩家更加沉浸其中。

从美术创作的角度来看游戏性，需要明白美术的工作从根本上讲也是为了提升游戏体验，进而提升游戏性。角色造型的美观、细节的深入，场景的状态气氛与文化风格主题，角色的动作，场面的特效，界面的设计，整体画面的色调风格等，这些美术元素都会影响游戏性的高低，但是所有的这些也是为游戏本身服务的，如果脱离游戏性而存在，那么这些美术元素也不再被称为游戏美术了。游戏美术设计好比人的外表，而游戏性则是人的灵魂。人的外表固然重要，它是吸引眼球愉悦感官的第一印象，但是表现人的内涵和独特性，还是灵魂更为重要。

2．游戏体验分析

游戏性就是玩家的游戏体验，玩家获得的这种乐趣、吸引力与快感可以分为三种：爽快感、成就感、代入感。在分析这些游戏体验时，要着重思考游戏美术元素对这些效果的表达。

（1）爽快感。

爽快感就是让玩家通过游戏体会紧张刺激、酣畅淋漓的感受。比如在《极品飞车》游戏中，玩家们能够在赛道上自由奔行，发现隐藏的比赛，击败各路敌手。体验刺激的急速驾驶，令人兴奋的激烈碰撞画面。

游戏美术设计

译文：

整体表现（Presentation）9.0 分：优雅出色的菜单系统，巨大的故事内容等待玩家去挖掘，不过存在 BUG 与稳定性问题。

画面表现（Graphics）9.5 分：震撼的环境细节让探索《天际》的每一处角落都是值得的。

声效表现（Sound）10 分：史诗配乐和音效设计让玩家在游戏中有身临其境的感觉。

游戏性（Game Play）9.5 分：尽管近战武器体验不够好，不过以自定的角色来应对《天际》的所有挑战实在令人沉醉。

耐玩性（Lasting Appeal）10 分：令人震撼的游戏规模内涵十足，总有一个让你回去继续玩的理由。

总分 9.5 分：惊艳、不可思议的作品。

图 1-2　IGN 对《上古卷轴 5：天际》的评分，图片来自 IGN 官网

游戏美术对赛车、公路、建筑等元素的写实还原给玩家创造出了更加真实的驾驶感受。用户界面的简洁与现代感，光效以及画面运动模糊的处理更是大大增强了爽快的游戏体验感，如图 1-3 所示。

人物打斗、刀光剑影，操纵自己的角色在千军万马中奋勇杀敌也会让人产生热血沸腾的爽快感。日本光荣游戏公司开发的《无双》系列就是这类游戏的代表。玩家选择自己喜爱的武将在战场上以一敌百，同时不同的武将拥有不同的战斗风格，进一步提升玩家的游戏体验，该游戏的动作风格和打斗系统丰富让玩家倍感痛快。同时动作拥有连击等复杂的操纵变化，熟练地掌握和反复练习这些招式，提升游戏在操纵上的爽快感。

该系列作品的美术风格是典型的日式风格，唯美的女性、强壮的男性、华丽的服饰，这些视觉元素为游戏性的提升提供了巨大帮助，紧紧抓住玩家的眼球。当然针对爽快性这一点，更加关键的是角色夸张的动作表现，以及武器挥舞时的火光拖影。配合战场上的硝烟、尘土，飞溅的火星，使玩家更容易进入场景中进行酣畅淋漓的战斗，如图 1-4 所示。

（2）成就感。

成就感指的是玩家通过游戏获得的一种积累与收获：通过完成很难的游戏关卡、复杂的操作、战胜强大的对手或者收集某种稀有游戏道具后获得的成功喜悦。

《怪物猎人》系列就是能充分带给玩家成就感的游戏，这个系列由日本著名游戏开发公司 Capcom 研发，自 2004 年问世以来一直备受玩家的追捧。它为玩家呈现的是一个狂野的虚拟世界，游戏中少有像《无双》系列那般的杂鱼、小怪供玩家进行"砍瓜切菜"般的"碾压式"战斗，而是更需要玩家团结在一起狩猎难度极高的 BOSS 级怪物，保卫村庄。打倒强大的怪物后可以剥取各种怪物素材，然后打造成各种强力的武器和漂亮的防具，

图1-3 《极品飞车17》游戏截图

图1-4 《真三国无双》游戏截图

以进行更高级别的冒险。在这一系列游戏中没有明显的等级设定,玩家全部依靠个人的技术和实力进行战斗。就算穿戴顶级的防具,在怪物猎人的世界里也顶不住怪物的几次攻击。相反,具有超强操作技巧的玩家却可以使用最低级别的武器装备甚至"裸体"打倒最强的怪物。通过高超的战斗技巧或开发有趣实用的"虐"怪方法来赢得胜利,让玩家对它乐此不疲,享受着"虐怪"与"被怪虐"的乐趣,如图1-5所示。

图1-5 《怪物猎人》游戏截图

《怪物猎人》的美术设计也非常具有参考价值。怪物的设计结合了各类神话传说以及现实世界中的生物特点,并且设计了怪物们的生态体系,丰富了世界观背景的同时,为玩家塑造了一个又一个真实而又夸张的BOSS。通过战斗打倒如此凶猛的野兽甚至是传说中的巨龙,然后收起武器站在猎物尸首前合影纪念任务完成的瞬间,为玩家带来非常美妙的游戏体验。角色的武器防具也是琳琅满目,结合了之前成功狩猎怪物的外貌特点,收集华丽、帅气的武器装备也给玩家们带来持续游戏的动力与成就感,如图1-6所示。

图1-6 《怪物猎人》游戏宣传图

亲手建立属于自己的帝国,听起来就是一个能让人心潮澎湃的主题,而《文明》系列就是这样一款通过建立国家给玩家带来成就感的游戏。这是一款回合制策略游戏,玩家扮演的就是一个领袖或者国家的缔造者,探索、发展、扩张、发动战争、建立文明。游戏的内容包罗万象,上至天文、下至地理,就像一本电子百科全书,广大的游戏玩家在娱乐之中增长知识,尤其在历史和科技方面。同时见证自己在游戏中建立起来"文明"的发展,可谓是过足了一把瘾。

《文明》系列的游戏美术设计为玩家制造了一个巨大的"棋盘世界",玩家可以站在上帝的角度俯视整个世界,自己发展的文明,并考虑策略,应对各种难题,如图1-7所示。

(3) 代入感。

游戏的代入感指的是游戏通过画面、声音与交互等综合体验,带给玩家的一种身临其境的感受。在游戏已经向艺术化、电影化发展的今天,许多游戏的目的已经不仅仅是纯粹的消磨时间,为玩家模拟一个存在于数字

图1-7 《文明》游戏截图

图像中的虚拟世界的需求不断增加，渴望展开一场发现之旅或者一段神奇的冒险成为部分玩家选择的目标之一。相比影视和文学作品，游戏有着两者都不可达到的互动体验。玩家们在游戏的过程中，可以直接干预游戏的发展走向，决定自己想要走的道路，选择喜爱的武器装备，消灭特定的敌人等。借由游戏画面与系统实现的这些功能都在增强游戏的代入感。

当下流行的各类主流游戏之中，游戏视角的分类主要有三种：第一人称视角，第三人称视角以及上帝视角。上帝视角大多是即时战略或策略游戏（如前面介绍过的《文明》系列），这类游戏往往需要以一个"客观"的角度审视全局，所以代入感体验相对较低，而第一人称视角和第三人称视角都能带来较强的代入感，两者相比，第一人称视角的游戏能够给玩家带来最大的代入感体验。

"第一人称"视角就是"我"的视角，也就是玩家的视角，屏幕上所显示的画面，便是玩家所控制的角色能够看到的画面，操控角色的双眼就是玩家的双眼。用还原了人类的视线的真实视角，让玩家获得更加身临其境的体验。

第一人称视角的游戏多为射击类或解谜类，这类游戏利用视线的限制，可以轻易烘托游戏的压迫感和紧张感。而说到第一人称视角射击游戏（FPS）中的翘楚，就必须提到大名鼎鼎的《使命召唤》系列，虽然《使命召唤》系列游戏几乎全部是固定的脚本，玩家直接干预故事走向的机会并不多，但是玩过该系列的玩家都会获得如同亲自进入了战场般的优秀的游戏代入体验。这种代入感，主要是通过游戏美术内容实现的。

《使命召唤》游戏通过高精度的模型、贴图材质纹理还原了一个真实的三维空间，配合大量火焰、爆炸效果，很好地表现了硝烟弥漫的战争场面。当这种在许多战争、科幻电影中司空见惯的场景以第一人称视角呈现在玩家的眼前，并且玩家能够穿行其中时，游戏的视觉冲击力就变得更加强烈，玩家能获得极强的代入感，如图1-8所示。

图1-8 《使命召唤》游戏截图

1.2 游戏发展史

1.2.1 游戏硬件的发展

电子游戏是伴随着计算机的出现而出现的一种娱乐形式，而电子游戏软件的发展一直与电子硬件（各类游戏主机和 PC）的发展相辅相成。

(1) 第一世代——游戏机的诞生时期。

奥德赛（Odyssey）是世界上第一台家用游戏机，诞生于 1972 年。而为这世上第一台游戏机制作游戏的公司是 Atari（雅达利），由此也诞生了世界上第一款家用电子游戏《Pong》。

这款电子游戏虽然看起来非常简陋，只是让人们通过两个控制器上下移动二维图形中的模拟乒乓球板来打乒乓，如图 1-9 所示，但在当时广受欢迎，许多电子游戏设备甚至由于玩家的疯狂操作而出现故障。如今，谁也不会想到，40 多年前这个不起眼的小游戏，却成就了今天价值 650 亿美元的大型产业。

第一代游戏机体积较小，价格也在大众接受的范围内。但是为了实现这个目标，游戏厂商不得不减少游戏容量使游戏画面简单以控制成本。早期的电视游戏还有一个令人遗憾的缺点：游戏的代码缺乏组织性，是直接写在微芯片上的，因而无法额外另加游戏。

图 1-9 《Pong》游戏画面与游戏者

(2) 第二世代——初代游戏机的发展时期。

1977 年，雅达利隆重推出了可以更换游戏内容的 ATARI2600 游戏机，引发了轰动。从此游戏程序开始被烧录在内存芯片上，然后封装入塑胶外壳的卡带中，这些卡带可以插入家用机的插槽里。一旦卡带插上插槽，游戏机里的处理器便开始读取卡带里的游戏内容并执行存放在其中的任何程序。由于这项技术的成熟，玩家们就可以购买和收集许多的游戏卡带而体验更加丰富的游戏种类了，这比起早期游戏内容与游戏主机绑定在一起的形式要丰富得多，如图 1-10 所示。然而盛极一时的雅达利公司和北美游戏市场在 20 世纪 70 年代末 80 年代初也受到了冲击，这一冲击被称为"雅达利大崩溃"，其原因是自身游戏质量的失控，而这一事件也直接导致北美家用游戏机市场的没落，直至 2001 年微软开发的 Xbox 家用机面市，才稍有改善。

(3) 第三世代——8 位游戏机的发展时期。

20 世纪 80 年代，日本玩具业巨头任天堂公司发布了世界著名的 8 位游戏机 Family Computer（简称 FC），也就是玩家们都很熟悉的任天堂红白机，如图 1-11 所示。它以高质量的游戏画面，精彩的游戏内容和低廉的价格，赢得了全世界不同年龄、层次人士的喜爱、震撼了整个游戏业。任天堂公司非常注意游戏产品的标准与质量，他们组织精英开发者们为自己的游戏机开发了许多精品，如《大金刚》《超级玛丽》《恶魔城》《勇者斗恶龙》《塞尔达传说》《魂斗罗》《冒险岛》等令人耳熟能详的知名游戏，而任天堂的游戏可以说成就了一个游戏史上的黄金时代。

图 1-10　ATARI2600 游戏机

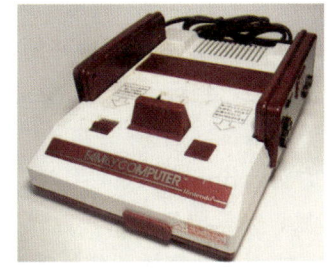

图 1-11　任天堂 Family Computer 游戏机

(4) 第四世代——16 位游戏机的发展时期。

在 FC 发售后的几年中，NEC、世嘉这两家著名的日本游戏公司开始与任天堂展开竞争。几位巨头纷纷推出自己不断升级与更新换代的产品，不断地把游戏技术层级与质量层级向前推进。这段时间著名的游戏主机有 NEC 推出的 16 位电视游戏机 PC-ENGINE，世嘉公司的 MD 游戏机，以及任天堂的王牌产品"超级任天堂"。

(5) 第五世代——三维游戏机的出现。

家用游戏机市场到 20 世纪 90 年代初开始了史上最大的一次变革，游戏画面从曾经的二维转向三维，这次变革的技术基础就是所有的家用游戏机全部进入了 32 位时代。在这一时期竞争最激烈的两个重量级游戏主机是世嘉的土星（Sega Saturn，简称 SS）和索尼的 Play Station（简称 PS）。索尼公司的 PS 凭借优秀的画面表现与卓越的性能吸引了大量的第三方游戏开发者进入，PS 平台涌现出大量让玩家们倾倒的优秀游戏作品。最终索尼在竞争中战胜了世嘉，主导了主机游戏市场，如图 1-12 所示。

当所有人的目光都被 PS 和 SS 吸引的时候，任天堂开始开发 64 位游戏机，于 1996 年推出了 N64。N64 是一款奇怪的主机，一方面它革命性的使用了当时很先进的图像处理芯片，在画面表现上远超 PS 和 SS，但是另一方面为了读取速度它采用了保守的游戏卡，使得游戏开发大受限制。虽然第三方游戏开发者主要集中于索尼的 PS 平台，但是任天堂依靠强大的开发实力，仍然凭借少数经典游戏大作吸引了大批玩家。

(6) 第六世代——新的竞争者。

32 位主机时代，索尼的 PS 成为最大的赢家开始主导游戏业。任天堂虽然凭借自己开发的著名游戏作品还保有一定的玩家群体，但是在行业中已经趋于边缘化。世嘉公司在 32 位时代惨败，而后续产品仍然不敌索尼的 PS 后代主机 PS2，最终世嘉退出了主机市场变成了一家软件开发公司。

PS2 是索尼公司非常成功的 Play Station 主机的后续产品，凭借更加出色的性能和诸多出色的游戏作品一度垄断游戏机市场，直到 2001 年才终于迎接挑战对手，那就是微软的 Xbox 和任天堂的 NGC，如图 1-13 所示。

图 1-12　索尼的 32 位游戏机 Play Station

图 1-13　索尼公司的 PS2，微软的 Xbox，任天堂的 NGC

微软游戏主机 Xbox 的架构与 PC 类似，因此大批 PC 游戏作品成功登录游戏机市场，微软亲自开发的大作《Halo》（光晕）也为主机游戏中的第一人称射击类型（FPS）立下一个标杆，此后 FPS 类型渐渐成为主机游戏的宠儿。任天堂的 NGC 没有获得很好的市场份额，因为任天堂仍然习惯于接受第一方游戏，虽然后来努力去吸引第三方开发者但已经远远落后于索尼与微软。这两家的主机虽然性能都很优秀但推出过晚，无法动摇 PS2 在这一时期的霸主地位。

（7）游戏的次世代。

2005 年年底，微软吸取了上一世代失败的经验，抢先发布了 Xbox 的后代主机 Xbox360。新一代 Xbox 主机具有超强的运算能力与超高的图像处理性能，把游戏的复杂程度与画面的精细程度全面提升，由此开始了游戏的次世代。随着 Xbox 的发布，许多划时代的游戏大作在这个平台上大放光彩，如《战争机器》《光晕》等系列作品。

索尼的新一代 Play Station 3 的发售极其不顺。首先是微软凭借 Xbox360 先发制人，占领了次世代游戏市场，其次是 PS3 早期因为开发环境不成熟，导致大量跨平台游戏的画面不如 Xbox360，微软拉拢第三方游戏开发商的行动也非常成功，使得索尼损失了大量独占资源。但是索尼依靠不断改进技术问题，开发全新的游戏作品让 PS3 逐渐站稳脚跟。

微软与索尼两大游戏巨头的竞争使得游戏业迅猛发展，硬件技术不断提升，玩法越来越多样和复杂，画面越来越精美细腻，而次世代作品的游戏也越来越接近电影级别，如图 1-14 所示。

在此时代游戏的激烈竞争中，任天堂别出心裁地推出了自己的新一代主机 Wii。任天堂的这一主机与索尼微软两家的产品相

图 1-14　微软的 Xbox360，索尼的 PS3

比，并没有出色的画面优势，但它率先推出了体感游戏手柄，在游戏操控上引发了一场革命，Wii 的游戏作品也大量与玩家的肢体动作操控结合，凭借这一特点，Wii 迅速抢占了特定的玩家市场，甚至吸引了许多非游戏玩家群体的购买。随着 Wii 的成功，游戏主机厂商们不再单纯地关注性能与画面效果的提升，而开始把目光关注于新的人机交互技术方面，如图 1-15 所示。

图 1-15　任天堂主机 Wii 与游戏操控方式

（8）新次世代。

2011—2013 年，任天堂发布了 NDS、Wii u，索尼发布了 PS4，微软发布了 Xbox One，三大主流的游戏主机平台有一次引领了游戏业的前进，游戏硬件的性能也在之前的基础上向前迈进了一大步，全新主机平台的《罗马之子》《合金装备》《神秘海域》等系列游戏的画面表现力已经达到了超高清晰度的电影级别。

40 多年来游戏硬件的技术进步，已经把最早的简单像素娱乐演变为了高端的互动数字影像体验。随着新型智能移动设备的兴起，全新的互联网思维的崛起，游戏业更是迎来了全新的发展可能性。

1.2.2 游戏美术的发展

了解了游戏主机、游戏硬件的发展过程后,就要从中认识游戏美术的变迁。总体来说,技术的进步是在不断解放数字图像的表现力,为艺术创作提供全新的空间与可能性。游戏美术的发展史可分为4个时代,下面要详细讲解一下每个时代的发展与代表作品的特点。

1. 像素时代

像素是构成数字影像的最小单位,像素量越大的图像清晰度与细腻程度也就越高。现在常用的电脑显示器大多都可以达到1920×1080的分辨率,也就是1920×1080=2073600像素,这样的图像效果能够高质量地表现视觉内容。许多数码相机的成像分辨率更是可以达到千万甚至数千万级别,能够用极高的清晰度记录生活的细节。

游戏诞生伊始的数字图像显示技术与今天高清时代相比是非常低下的,当时显示器的像素很低,甚至每个画面的像素大小都能用肉眼看到。仔细观察前面小节中介绍的游戏《Pong》,就会发现游戏截图中的乒乓球的边缘是方形的,这就是因为像素量太少难以形成圆滑的球形轮廓。数字图像的每个像素点其实都是正方形,圆润的边界轮廓、平滑的色彩渐变其实都由这些像素方块拼接而成,如图1-16所示。

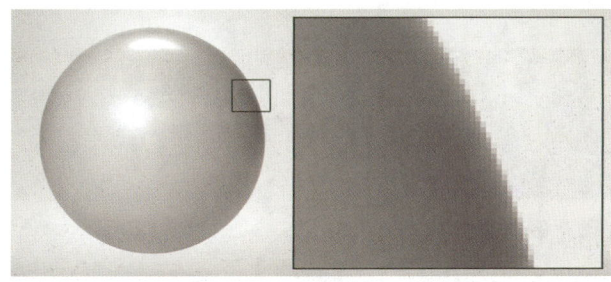

图1-16 像素拼接示意图

由于像素成像本身的特点,像素时代的游戏画面内容都是用少量的方形元素概括而成的,表现圆角和渐变颜色时常常会有粗糙感。

《超级玛丽》系列的初代画面就是非常典型的像素风格。马里奥这个主角由简单的轮廓线和几种单色组成,动作也非常简洁概括,但并不呆板反而生动滑稽。场景的地面、云朵、水管上有简单的明暗变化显得较为立体,如图1-17所示。《超级玛丽》的游戏画面是对显示器像素的高效利用,使用最少的像素表现尽可能全面生动的游戏画面与人物动作。

图1-17 《超级玛丽》的游戏画面

《魂斗罗》是游戏主机上推出的一系列横板过关式的射击游戏,故事背景是根据著名恐怖片《异形》改编,人物原型来源于著名影星施瓦辛格和史泰龙。玩家可以操控主角进行闯关、躲避攻击、打败BOSS,这

款游戏的画面可以说是早期像素时代游戏中非常华丽的了。从图 1-18 中，能看到这款游戏的画面相对于《超级玛丽》更加的细致。游戏美术师巧妙地利用有限的像素资源表现了各种不同的质感：高光阴影对比较强的悬崖、草地和丛林，有一定金属质感的 BOSS 骨架，还有射击的火花和弹药爆炸的效果。

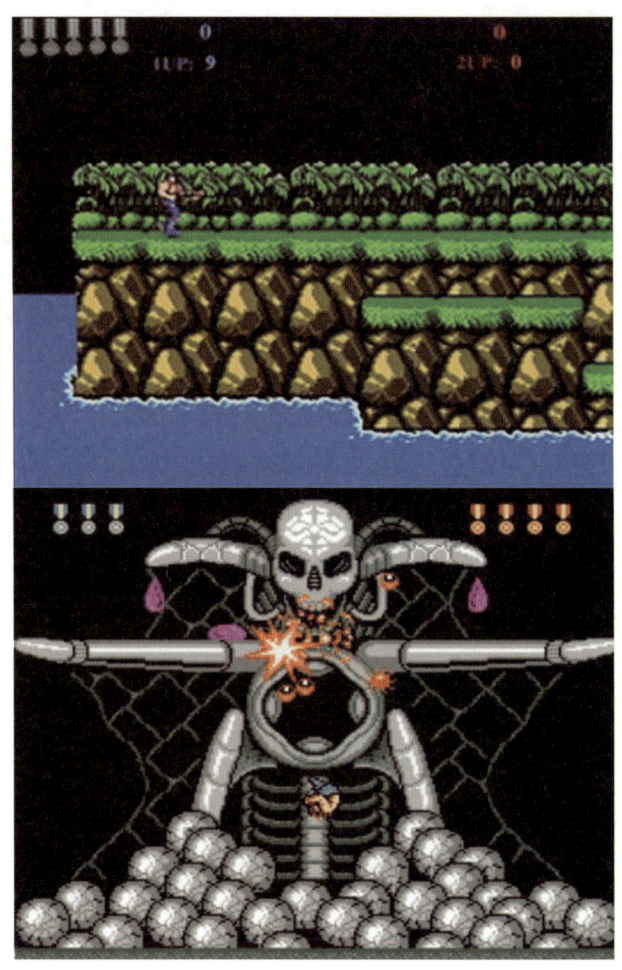

图 1-18 《魂斗罗》的游戏画面

《合金弹头》是日本 SNK 公司推出的系列游戏，这一系列可以说是横板过关式的射击游戏的巅峰作品，虽然游戏规则与玩法和其前辈《魂斗罗》类似，但在二维像素画面的表现上却达到了不可思议的逼真程度。该系列作品的角色、场景风格具有欧美卡通感，人物比例与动作设计都加入了动画的夸张，并且在有限像素大小的限制中很好地表现出来。游戏中各种坦克、飞机、武器装备的设计也别具一格，其机械设计的风格也丝毫不落后于现今的作品，并影响了许多同类型的美术作品。

图 1-19 是《合金弹头》的游戏截图，画面中最吸引人的无疑是右边这个巨大的坦克。这个 BOSS 形象的已经感觉不到明显像素棱角，而很像一个有趣的卡通造型设计。无论是炮筒炮塔的比例，还是履带机枪的造型都非常生动，运动起来的动画也给人深刻的印象。图 1-20 中看到一个更加夸张的机器人 BOSS 正在攻击跳跃起来的角色，从机器人眼中射出激光一直死死地追着主角，所到之处还溅起了火花。机器人 BOSS 全身布满铆钉、机械铁皮的身躯上还有许多污渍与战斗的伤痕，所有的这些细节都是通过像素画面表现出来的。

像素风格标志着游戏美术的一个重要时代，这个风格是由于当时游戏机硬件条件的客观限制的形成的，但是在现代，这种风格又逐渐在一些游戏作品中出现，像素风格作为一种复古的游戏美术风格开始复苏。

《我的世界》（Minecraft）就是像素风格在现代的代表作品，虽然这款游戏使用的是很先进的游戏引擎，可以模拟出真实细腻的三维光影与材质,但是设计者却创造性的使用了最简单的三维形体与色彩贴图,模拟出了一个三维的像素世界,从图1-21和图1-22中可以看到游戏的画面特点。

图1-19 《合金弹头》游戏截图——坦克BOSS

图1-20 《合金弹头》游戏截图——机器人BOSS

图1-21 《我的世界》游戏截图

图1-22 《我的世界》游戏中的主要角色

从游戏主要角色的展示中,可以看到设计者使用精简的像素风格三维造型对每个角色的精简表现,3个人物颇有童趣,像是用乐高玩具拼接起来的。

《我的世界》是第三人称的沙盒游戏,游戏的重点不是华丽的画面与特效,而是游戏性。整个游戏没有固定剧情,玩家在游戏中可以自由地建设和破坏,像搭积木一样来组合与拼凑,经过精心的设计就能在这个虚拟的世界中为自己搭建起木屋、城堡甚至城市。如果加入更多的创造力,并且和其他玩家一起联网协作,甚至可以在这个"你的世界"中建立王国,建造许多建筑奇观,充分体验上帝、君王的感觉,如图1-23所示。

2. 三维时代

20世纪90年代随着游戏主机性能的进一步提升,三维游戏开始出现。三维游戏能给玩家带来更加自由的空间感与游戏体验,游戏角色的行径也在左右上下的方向上加入了纵深运动。游戏美术也随之发生了巨大变化,在二维时代美术关注的是特定角度上画面的美感与动作的生动,而进入三维空间之后,就必须全方位地注意游戏人物和场景的立体造型感,以及光影、质感等更加真实的效果表现。

三维游戏开始大范围吸引玩家的眼球,凭借的是几款第一人称射击游戏(FPS),其中最著名的就是ID software开发的《德军总部3D》与《DOOM》。

《德军总部3D》在1993年开始风靡世界,这款游戏可以说是FPS的开山鼻祖,它创造了一种全新的游戏方式:玩家

图1-23 玩家在游戏中建造的宏伟城市

游戏美术设计

图1-24 《德军总部3D》游戏截图

可以以自己的视角探索世界并击杀敌人。穿行在德军的指挥所内，跨越大厅、走廊和柱子，开枪击杀德国纳粹，这些游戏内容让玩家热血沸腾。游戏画面中人物、墙体、立柱、植物等元素在表现上也更加注意立体感，仔细观察就会发现阴影的表现，如图1-24所示。

《德军总部3D》这款游戏虽然带有"3D"的标签，但其实游戏画面只是以射线追踪算法（ray tracing）计算出来的伪三维效果。这种算法从屏幕每个纵行像素发射一条射线（如果屏幕大小为320×240像素，就会发射320条射线），每条射线返回它接触到最近物体的贴图，然后把这条射线所代表的那一纵行像素上的贴图内容显示出来，根据距离的远近来调整贴图大小，通过这样的图形算法来模拟纵深的效果，但是这种算法也存在局限：玩家只能在一定的水平面范围上看到立体效果，而不能自由旋转视角，墙体之间只能有90°夹角，天花板和地面都是完全的纯色无法用贴图来描绘细节。这一局限也是当时游戏硬件的处理能力有限而导致的。

《DOOM》也是由ID software开发第一人称射击游戏，在前辈《德军总部3D》的基础上做了许多方面的改进。从图1-25中可以看到，虽然它们本身不是三维的立体造型，而只是贴在平片上的贴图，三维场景的细节要丰富了许多，地面已经可以使用纹理表现质感，前景玩家的手与枪械的图像质量更加真实，粗糙像素感也不那么明显。迎面走来的怪物与敌人也更加真实。

三维射击类游戏中最著名的莫过于《反恐精英》(Counter-Strike)了，这款游戏可以说伴随了几代人的成长。这款游戏最初是由Minh Lee与Jess Cliffe基于Valve旗下游戏《半条命》(Half-Life)的三维引擎开发的游戏MOD的，结果在推出后大受玩家欢迎，后来这个游戏MOD被Valve购买，两名制作人也进入Valve公司继续工作。《反恐精英》的游戏竞技性极强，玩家分为"反恐精英"与"恐怖分子"两个阵营队伍，在同一个地图上进行多回合的战斗。胜利方法是达到该地图要求的目标，或者是完全消灭敌方玩家。游戏有"爆破""人质救援""刺杀"等模式，之后还推出了剧情故事模式。

《反恐精英》的三维画面在1999年刚刚推出的时候可以说是非常震撼的，玩家仿佛置身于真实的物理世界中与队友一起合作赢得胜利。这款游戏使用的是真正的三维引擎，人物与场景的三维模型、材质贴图的精细程度，与早期同类型的FPS游戏相比有了大幅提升。美术设计师们为警匪双方阵营各

图1-25 《DOOM》游戏截图

设计了4种角色造型，设计制作了多种风格的场景地图，从意大利的小城到阿兹台克的丛林，从荒芜的沙漠到广袤的雪原。游戏中的枪械制作也非常精美，各种武器独具个性和威力。游戏对战时的爆炸、枪击效果都非常

14

逼真，让玩家们热血沸腾，如图1-26所示。

三维动画技术成熟于20世纪90年代，计算机图形表现力越来越强，随之也产生了许多特殊的游戏美术表现形式，其中最具代表性的就是"三渲二"。这种美术表现形式顾名思义，就是把三维的人物造型或者场景道具渲染成为二维的图像，再进行加工处理成为图像序列帧，最后应用在游戏中。"三渲二"游戏的画面精读和美感在当时甚至能够超越纯三维的游戏，因为图像序列帧对游戏硬件的消耗要比纯三维的美术内容小得多，因此在同等的硬件条件下"三渲二"的游戏可以表现更多的画面内容。

20世纪90年代最著名的"三渲二"游戏是暴雪娱乐出品的《暗黑破坏神》，这款游戏是所有RPG玩家心中真正的神作，不仅在游戏质量上堪称精品中的精品，更是开创了一个动作类角色扮演的类型，从这个游戏作品开始，倾斜俯瞰的上帝视角的游戏方式开始大行其道。

《暗黑破坏神2》是美国暴雪娱乐出品的暗黑系列续作，于2000年上市并且成为史上最畅销的游戏之一。《暗黑破坏神2》可以说把动作类角色扮演游戏推上了巅峰，主角的所有动作操控、界面的设定，都可以使用一支鼠标完成，在游戏操控性上非常舒适。游戏画

图1-26 《反恐精英》游戏截图

面以60°倾斜的方式表现，有极强的视觉冲击力。游戏人物与场景的美术表现力写实而精致，以"三渲二"的方式即时渲染出来，角色场景除了有明暗变化和阴影效果外，动作的表现也非常流畅，特效与魔法更是一绝。游戏的内容也极其丰富，设计师们为这款大作设计了许多风格迥异的生物、怪物、战士与迷宫，玩家在体验游戏剧情的同时也在探索这个魔幻世界，并且收集酷炫的武器装备。

从图1-27中，能看到暗黑2的画面表现力。角色与怪物非常具有立体感，皮肤的质感、武器盾牌的高光都表现到位，人物在光照下也有真实的投影效果。场景表现也非常具有黑暗气质，有油画般的厚重感。

图1-27 《暗黑破坏神2》游戏截图

《暗黑破坏神2》上市一年后暴雪又推出了资料片——《毁灭之王》，资料片游戏又给玩家带来了新角色、场景和新的故事。图1-28就是毁灭之王的游戏画面，可以看到资料片的新场景也延续了之前厚重黑暗的美术风格，火焰、光效的表现非常生动，为画面与游戏的重要组成。

图1-28 《暗黑破坏神2——毁灭之王》资料片游戏截图

游戏业进入21世纪，三维游戏画面的表现力也随着电子硬件技术飞速发展而不断成熟，三维游戏的美术表现力越来越强。许多游戏开发团队都开始使用三维图形表现手段，来推出自己的新游戏或者经典游戏的续作。

《波斯王子》是在像素时代就轰动一时的经典动作游戏，其开发者充分结合了游戏的动作性与三维的新形式，在2003年推出了续作《波斯王子·时之砂》。游戏主角的动作在三维的游戏世界中更加丰富有趣，使得该作品在当年引起了轰动，除了被评选为2003年度最佳动作游戏之外，全球累积销量也达到240万套。

过去几代《波斯王子》的游戏风格偏卡通，这样的游戏美术风格使波斯王子的场景看来梦幻而瑰丽，游戏剧情也是传统的王子救公主，是老少皆宜、合家欢乐的风格。一味延续这样的游戏设计思路，对于育碧这样追求精品的公司来说实在不是一种积极进取的态度，于是他们决定在波斯王子续作《波斯王子·武者之心》中向暴力美学与黑暗成人内容挑战。

波斯位于欧亚交界，将西方文明与东方神秘杂糅于一身，设计师们抓住这样的异域特点把其妖邪黑暗的一面加以放大。《武者之心》的美术设计中带有黑暗哥特味道、音乐是异教气息浓烈的重金属摇滚，这些视听内容使得这款游戏充满前所未有的新鲜感，魔物、怪兽的造型，斩杀敌人时的爽快程度，都是本作强调的重点，从宣传图中就能感受到游戏的黑暗气息，如图1-29所示。

《武者之心》的三维画面表现力十分出色，从游戏截图中就能看到。游戏场景宏大有气势，能感受到层次丰富的立体空间，并且场景中雾气缭绕，充满了神秘感。场景之间的色调变化也很丰富，给人不同的视觉观感。游戏人物的动作也非常生动真实，主角挥砍、跳跃、招架的POSE定格都给人留下了深刻印象，如图1-30所示。

3. 次世代

在上节的内容中已经了解了次世代游戏的概念，它是伴随着Xbox 360、PS3这两个新型游戏主机发布而带来

图 1-29 《波斯王子·武者之心》游戏宣传图

图 1-30 《波斯王子·武者之心》游戏截图

的游戏革命，次世代游戏具有更清晰的画面、更复杂的剧情、更丰富的游戏性、更高的制作花费与规模。

引领游戏次世代革命的也是几款著名的 FPS 游戏，Epic Games 公司开发的《虚幻竞技场 3》就是其中的代表作品。这款游戏使用的是 Epic Games 公司自主研发的新一代三维游戏引擎：Unreal 3.0 Engine，Unreal 3.0 引擎威力强大，可以同时在画面中呈现数百万个面的多边形三维模型，数量庞大的高清贴图纹理，以及复杂的光影效果、物理运算等。《虚幻竞技场 3》的游戏画面非常惊人，2007 年官方发布的游戏视频让人惊讶不已，从图 1-31 中就能有所感受。

无论是人物皮肤的质感，细腻的表情，毛孔、皱纹、须发的细节，盔甲的斑驳厚重质感，还是怪物皮肤粗糙凹凸的构造，凶恶的尖牙和犄角，都在游戏画面中表现了出来，而且从如此近距离的角度观察仍然生动真实。从图 1-32 中同样可以看到《虚幻竞技场 3》在场景氛围营造上的出色表现。

图 1-31 《虚幻竞技场 3》游戏宣传图

图 1-32 《虚幻竞技场 3》游戏截图

《战争机器》也是 Epic Games 开发的 Xbox 360 平台的次世代游戏，这个游戏作品也是次世代主机上的代表作品。游戏故事讲叙的是未来世界的人类与地底种族罗卡斯之间的生存之战。虽然出自同一家游戏公司，并且基于类似的美术设计风格，但是这款游戏的类型并非常见的第一人称射击游戏，而是采用背后视点的第三人称的策略动作游戏。玩家可以清晰观察自己所操控的角色的一举一动，组织战略小队对抗兽人敌军，人物与环境的互动也更为生动丰富。

通过图 1-33 中展示的《战争机器》游戏中的怪兽与强壮的人类战士，再结合《虚幻竞技场 3》的类似游戏内容，不难发现许多次世代游戏都有类似的表现题材：战争与科幻世界、怪兽与人类对抗。这些特定的游戏主题也与全新的游戏引擎性能有关。以虚幻竞技场 3 引擎为代表的次世代游戏平台能够加入法线、凹凸贴图表现肌理感丰富的内容，并且也能够添加高光贴图控制材质的光照细节质感，所以这些效果突出的图形处理能力非常善于表现粗犷强悍、肌肉发达的人类，厚重并且锈迹斑斑的机械武器，来自异世界肢体夸张皮肤粗糙的怪物。虚幻竞技场 3 引擎在画面光照表现方面，最擅长渲染黑暗、对比强烈的氛围，这也非常合适前面所介绍的游戏主题。

图 1-33 《战争机器》游戏截图

次世代游戏除了在美术表现上细致深入，在整体画面的视听感受上也开始向电影靠近。从图 1-34 中，可以感受到一种扑面而来的戏剧紧张感，画面的构图、色调、氛围都非常接近电影镜头，就像电影画面在讲述一个正在发生的情节。次世代游戏开始朝电影级别发展，也为游戏品质的不断进步指明了终极方向。

图 1-34 《战争机器》游戏截图

4．新次世代

随着索尼 PS4 与微软 Xbox one 主机的发售，游戏美术迎来了又一个新纪元。新次世代的画面表现能力，在原有的基础上又向前迈进了一大步，放眼望去，最新发布的优秀游戏大作，几乎没有什么内容是不能在游戏中表现的了。

《孤岛惊魂 4》是育碧公司在新次世代发布的游戏大作，如图 1-35 和图 1-36 所示，一张是游戏的宣传海报，另一张是游戏画面截图，其实已经很难看出两者的区别。从这个例子中可以认识到，新次世代的实时游戏画面已经能达到产品级的要求了，游戏画面的精度甚至与海报宣传图趋于一致。

图1-35 《孤岛惊魂4》游戏海报

图1-36 《孤岛惊魂4》游戏截图

纵览游戏美术的发展历程，不难发现一些趋势。游戏美术的表现能力是随着游戏硬件条件的不断升级，而逐渐被解放出来的。游戏美术由最早粗糙的像素风格，一步一步地向电影级别发展，这个过程是画面本身质量提升的过程，更是对美术设计要求不断提高的过程。现代的游戏大作的研发已经丝毫不亚于一部电影的工作量，美术设计师需要创作大量的设计图来指导整体创作。

但是，美术风格本身并没有标准，使用最合适游戏主题与定位的美术来表现游戏内容才是正确的创作思路。最典型的例子就是《我的世界》，虽然诞生在新的游戏时代，但是其复古的三维像素风格却非常贴合游戏的定位。

所以，对于游戏美术的认识应该是灵活而多方面的，核心的思路是找到合适的路线，贴合游戏整体的特点，而不是一味地追求酷炫、写实或者细节。

1.3 游戏的分类

游戏的分类是游戏概论的重要内容，游戏分类的理论知识能够让人们理解游戏载体、玩法与特定类型的区别，更重要的是本书结合分类知识要分别阐述不同分类的游戏在美术创作上的特点。

1.3.1 按游戏载体分类

(1) 电视游戏（TV Game、Video Game）。

电视游戏使用电视作为显示器，游戏影像由游戏主机内的显卡渲染出来传输到电视，游戏的操控通过主机外接的游戏手柄来实现。在日本，电视游戏的市场占有量很高，因其价格合理、种类众多、设计有亲和力，大多数人认为电视游戏比电脑游戏更有可玩性。但在其他的亚洲地区（尤其是韩国和中国大陆），情况则正好相反。

(2) 电脑游戏（PC Game）。

在电子计算机（PC 平台）上运行的游戏，这些游戏往往对鼠标、键盘有相当的依赖性，游戏的操控都设计鼠标点击或者键盘多按键控制。许多特定的游戏类型，如即时战略类游戏（《星际争霸》《魔兽争霸》《帝国时代》等）需要通过键盘鼠标进行配合操作，以完成对角色进行编队、自由改变地图缩放、位移等操作。这类游戏如果移植到游戏主机上，由于游戏手柄按键数量的限制，许多重要的游戏操作就无法完成。主机游戏机移植到 PC 平台时，大部分手柄操作都可以使用鼠标和键盘来对应完成，即使某些功能无法实现也可以通过外接手柄来解决。

(3) 街机游戏（Arcade Game）。

街机是一种放在公共娱乐场所的专用游戏机，在这种游戏平台上运行的游戏就是街机游戏。街机游戏最早诞生于 20 世纪 70 年代初的美国，随后逐渐扩展到世界范围内，在中国的许多大型商场和购物中心里也经常能见到街机游戏厅的身影。街机游戏的种类也多种多样，许多著名的游戏作品如《合金弹头》《拳皇》《三国志》等均发布有街机的版本。

(4) 掌机游戏（Portable Game）。

掌机游戏顾名思义就是可以在手掌上玩的游戏，可以随时随地使用便携式游戏机而进行的游戏。大部分的掌机游戏的进行时间都比较短，所以游戏流程都比较精简，节奏明快，而不会像大型电视游戏或者电脑游戏那样具有复杂的情节。并且，由于硬件条件的客观限制，一般掌机的声画效果都不如同时期的其他平台游戏。掌机游戏机的类型多种多样，比较著名的有任天堂出品的 Game Boy 系列、DS 系列，索尼的 PSP（Play Station Portable）系列。

(5) 手机游戏（Mobile Game）。

手机游戏是随着移动互联网和智能手机快速发展而迅速崛起的游戏类型，运行于各种智能手机平台。随着智能手机的功能不断增多，性能不断增强，手机游戏已经远远不是旧时印象中最简单的"吃豆子""贪食蛇"之类的简单作品，而是已经逐渐发展到可以和掌机游戏相媲美的程度，并且具有非常强的娱乐性与交互性。借助移动互联网的快速升级，手机游戏也能够网络化，从而进一步扩大了其交互的范围。传统的掌机游戏已经开始逐渐被智能手机所取代，手机游戏业的规模也在逐年扩大，这种新兴的游戏类型带来的经济效益，甚至已经能够与电视游戏、电脑游戏相媲美。

前5个类型都以电子设备为载体，统称为电子游戏（Electronic Game）。

(6) 桌面游戏（Table Game）。

简称"桌游"，去"桌游吧"，玩桌游已经成为现在年轻人聚会的一种常见形式。桌面游戏是一种实体游戏，包括如棋、卡牌、沙盘、谈判推理等。桌面游戏不需要精密的电子设备，它只需要一些游戏配件、一本规则书、一张大桌子和一群聚会的朋友。桌面游戏的类型和难易程度也多种多样，根据聚会的人群喜好可以选择不同的游戏，如《狼人杀》《三国杀》《大富翁》等。

1.3.2 按游戏玩法分类

(1) 角色扮演类游戏（Role-playing Game，RPG）。

由玩家扮演游戏中的一个或数个虚拟角色，展开围绕主线剧情的冒险。玩家在RPG游戏中会对角色投入大量情感，扮演、成长、体验是这一游戏类型的关键词。RPG游戏的美术创作内容丰富多样，但是最集中的设计点都基本围绕角色而展开：角色的造型要美感十足，动作设计要生动灵活，这两点是让虚拟角色取得玩家喜爱的基础。美术设计师们还需要为角色的成长设计各种不同的武器装备，让玩家在成长升级的进程中也不断收集各式各样的道具，获得成就感。

角色扮演类游戏由《最终幻想》系列开始在全球范围内兴起，目前已经成为最受玩家欢迎的游戏类型之一，RPG游戏的种类多种多样，还可以细分为几个子类别：

1) 桌面角色扮演游戏（Table-top Role-Playing Game，TRPG）。

TRPG游戏多进行于真人聚会中的桌面游戏，最早由TRPG《龙与地下城》（Dungeons & Dragons）发展而来，桌上角色扮演游戏有各式各样的故事设定、规则和游戏玩法。

2) 策略类角色扮演游戏（Strategy Role-Playing Game，SRPG）。

SRPG游戏非常注重策略、战术、解密的元素。

3) 动作类角色扮演游戏（Action Role Playing Game，ARPG）。

ARPG类型与ACT游戏具有非常类似的主题，玩家在扮演虚拟角色成长时对其动作的控制体验极强。

4) 大型多人在线角色扮演游戏（Massive Multiplayer Online Role Playing Game，MMORPG）。

MMORPG是近年来非常流行的一种网络游戏类型，游戏设计师们让玩家扮演虚拟角色的同时，还可以通过网络和其他玩家一起在一个庞大的虚拟世界中互动，MMORPG是游戏与社交融合的集大成者。《魔兽世界》《上古卷轴OL》等，都是这个类型的优秀作品，如图1-37所示。

(2) 动作类游戏（Action Game，ACT）。

ACT游戏追求游戏的动作性和玩家对动作的掌控性。玩家可以凭借自己娴熟的游戏操作，来控制角色完成一系列不可思议的动作，躲避攻击和危险杀死敌人，获得胜利。这类的游戏美术设计往往最关注动作本身的表现：武器砍杀的打击感、跳跃的重量感与流畅感、行走奔跑等常规动作的生动性，在动作表现基础上加入华丽的视觉特效，优秀的动作游戏体验就得以完成。

本章前面内容介绍的《无双》系列游戏就是动作类游戏的出色代表。

(3) 冒险类游戏（Adventure Game，AVG）。

图 1-37 《上古卷轴 OL》游戏截图

AVG 游戏故事的核心往往是完成某个困难任务或是解开一个谜题，游戏本身是玩家控制角色去体验一个交互性故事。这类游戏的设计格外注重对悬念与障碍的设置，通过剧情与画面的高度结合让悬疑感、真实感增强，提高玩家的代入感。

（4）第一人称射击类游戏（First-Person Shooting Game，FPS）。

FPS 游戏在上节介绍游戏美术发展史中已经非常熟悉了，这类游戏能够通过视听给玩家带来最身临其境的感受。通过第一人称视角的游戏操作，画面声音对真实世界的还原，以及各类视觉特效带来的刺激，玩家能够获得极强的游戏代入体验。

（5）策略类游戏（Simulation Game，SLG）。

SLG 游戏主要要求玩家扮演帝王或者上帝的角色，规划整个游戏的进程，游戏内容和主题多种多样：建立帝国、征服蛮夷、开拓殖民地、对抗外星生物入侵等。SLG 的进行有著名的 4E 准则，即探索（Explore）、扩张（Expand）、开发（Exploit）和消灭（Exterminate）。

（6）即时战略类游戏（Real-Time Strategy Game，RTS）。

RTS 原本只是 SLG 的一个分支，但随着《红色警戒》《星际争霸》《魔兽争霸》等几款游戏的风靡，以及相关的世界性游戏竞技比赛的影响，而使之慢慢发展成了一个单独的类型，知名度甚至超过了 SLG。RTS 游戏是策略类游戏发展的高级形态，游戏的进行节奏非常激烈。"即使战略"意味着游戏的战略对抗是实时进行着的，玩家在进行操作和策划时，自己的对手也在进行相应的发展。RTS 游戏对硬件的消耗量较大，一场游戏比赛和战斗可能包含成百上千个实时对象和特效，因此美术设计师们必须使用最精简的资源来实现最优的视觉效果。

RTS 游戏今年来还形成了一直全新的子门类——MOBA（Multiplayer online battle arena）。

在这类游戏中，玩家通常被分为两队，分散的游戏地图中展开竞赛，每个玩家都通过一个 RTS 风格的界面控制单个角色。这个游戏类型由《魔兽争霸》的玩家自定义地图——"3C""DOTA"发展而来，其中《英雄联盟》《Dota2》是 MOBA 的新起之作，如图 1-38 所示。

（7）格斗类游戏（Fighting Game，FTG）。

FTG 游戏要求玩家操纵各种角色，与游戏内置的角色程序（NPC）或另一位玩家所控制的角色进行格斗对战的游戏。游戏的动作性强，节奏快，操作难度较大，对玩家的技巧要求高，具有极强的耐玩度。这类游戏的美术创作，主要关注角色造型与动作设计，通过形象与动作表情彰显不同人物的个性，让玩家在操作时获得各种不同的体验。场景设计方面相对于其他游戏类型来讲也较为简单，场景的作用主要是为打斗提供背景，与角色的交互较少。

（8）竞速游戏（Racing Game，RAC）。

RAC 游戏是指通过游戏来模拟各类赛车运动和比赛，RAC 游戏最经典的作品就是《极品飞车》系列。这个

游戏美术设计

图1-38 《Dota2》游戏截图

类型游戏的美术创作旨在还原真实，通过车辆、比赛场的视觉内容的真实度把玩家带入情境中，获得刺激的游戏体验。

(9) 体育类游戏（Sport Game，SPT）。

通过游戏来模拟各类竞技体育运动，这类游戏的美术创作与RAC类似，也追求对真实人物和比赛场的高度还原。最新的次世代体育类游戏已经具有极高的真实性，游戏的进行甚至与体育新闻转播趋于一致，如图1-39所示。

图1-39 《NBA 2k14》游戏截图

(10) 音乐类游戏（Music Game，MSC）。

音乐类游戏要求玩家具有很好的乐感和节奏感。游戏的规则相对简单，大多是要求玩家在准确的时间点做出相应的操作，游戏结束后系统根据玩家对音乐节奏把握的程度给予量化评分。这类游戏的美术往往具有很强的现代感和科技感，给人炫目鲜活的视觉感受。

(11) 卡牌类游戏（Card Game，CAG）。

CAG游戏是通过卡片战斗来进行的游戏，丰富的卡片种类为游戏带来变化性，给玩家无限的乐趣。卡牌游戏的游戏美术多为精美的卡牌插画，对美术创作者的绘画水平要求较高。

(12) 益智类游戏（Puzzle Game，PZL）。

PZL 类游戏简单而有趣，包含了推理、解密、计算等多种形式，这种游戏类型近年来在手机平台上大行其道。

(13) 射击类游戏（Shooting Game，STG）。

STG 指的是飞机射击游戏，玩家控制飞行器在枪林弹雨中生存前进，赢得胜利。这种游戏类型在电子游戏诞生之初非常流行，虽然在电脑、主机平台中已经难见身影，但在新兴的手机游戏中还能够常常见到。

(14) 教育类游戏（Education Game，EDU）。

EDU 是寓教于乐的游戏类型，多针对于少年儿童群体，近年来手机平台上非常流行。

(15) 沙盒类游戏（Sandbox Game，SG）。

SG 类游戏是随着游戏硬件性能不断强大，游戏的自由度不断提高而新兴的一种游戏类型，它往往包含角色扮演、动作、策略、射击、格斗、驾驶等多种元素和玩法。游戏的核心是"自由度"，设计师为玩家构建一个"沙盒"，这个"沙盒"就是一个开放度极高的虚拟世界。在沙盒中，玩家可以扮演一位虚拟角色，与 NPC 和虚拟世界内容进行互动：体验剧情、探索世界、进行战斗、建造房屋、改造世界。

沙盒游戏的自由度还体现在客户端的开放上，玩家可以在一定程度上对游戏程序和内容进行修改，NPC 的行动方式、游戏数据值、甚至自己制作游戏美术内容放置于游戏中。

1.3.3 按游戏客户端属性分类

游戏客户端是安装在游戏载体上的电子游戏软件和程序内容，按照游戏客户端程序的开放属性可以分为单机游戏与网络游戏，按照客户端程序的有无可以分为客户端游戏与网页游戏。

(1) 单机游戏。

单机游戏通常指仅使用一台游戏主机或电脑就可以独立运作的电子游戏，电子设备直接读取客户端的内容就可以运行游戏。但是随着近些年互联网的普及和发展，单机游戏的概念已经发生了变化，网络管理与社交元素越来越多地被植入单机游戏的客户端中。许多新发布的单机游戏除单人游戏模式外还存在多人在线合作模式，有些单机游戏更是需要全程联网才能进行。发行商也需要为游戏搭建服务器，一方面为玩家联网对战提供平台，另一方面也为游戏的扩展内容下载提供途径。通过网络验证也可以有效地防止盗版游戏对开发商利益的侵害。

单机游戏在画面质量表现上往往比同时期的网络游戏要略胜一筹，因为网络游戏的硬件资源有相当一部分要消耗在网络数据交换上，并且为了获得更广泛的玩家群体也会精简画面对硬件的消耗。单机游戏则可以把大部分的硬件资源全部用于游戏本身的运算与表现上，集中于游戏体验。现在的很多次世代游戏作品，都如同电影一般讲述一个波澜起伏的精彩故事，让玩家充分沉浸其中，打造属于自己的传奇历险。

世界著名的单机游戏开发商及发行商有：索尼（Sony）、微软（Microsoft）、任天堂（NINTENDO）、动视暴雪（ACTIVTSION-Blizzard）、美国艺电（EA-Electronic Arts）、卡普空（CAPCOM）、育碧（UBISOFT）、史克威尔艾尼克斯（Square-Enix）、科乐美（KONAMI）、世嘉（SEGA）。

(2) 网络游戏。

网络游戏是玩家通过互联网连接来进行的多人游戏，通过本地的游戏客户端、专业的游戏运营团队、专业游戏服务器的数据交换设备，玩家才能在游戏进行中与其他玩家或游戏系统发生互动。网络游戏追求最广大的玩家群体，所以在游戏硬件配置的要求上一般不会太苛刻，达到普通标准即可进行游戏。因此在画面、剧情、音乐等方面，一般都略逊色于单机游戏。

但是网络游戏相对单机游戏而言具有更高地交互性与对抗性，这一优势往往可以弥补其画面和游戏内容上的不足，甚至凭借这样的特性吸引更大的玩家群体，网络化是游戏发展的必然趋势。

(3) 客户端游戏。

客户端游戏是指必须在游戏设备上安装客户端才能进行的游戏，这一类型既包含单机游戏也包含网络游戏。客户端游戏的复杂性较高，内容也非常丰富，因此数据量庞大，必须在游戏载体设备上占据一定的存储空间才能运行。

(4) 网页游戏。

网页游戏又称 Web 游戏，是不需要安装客户端的网络游戏，简称页游。

网页游戏最早兴起于 20 世纪 90 年代，发展至今多与社交软件与社交网站绑定，成为这些产品的附属功能。配置要求较低，可以随时关闭和暂停，游戏往往作为社交的辅助功能，最典型的页游就是腾讯 QQ 的《QQ 农场》。

1.4 游戏引擎

1.4.1 定义

游戏引擎（Game Engine）是一些已经编写好的特定游戏程序功能或组件的合集，它可以作为成熟的游戏开发工具制作与发布游戏，就像"引擎"一样控制着游戏的运行。游戏引擎也可以理解为一个开发软件，它为开发者提供既定或基本的游戏开发工具，其目的在于让开发者能快速简易地实现游戏基本框架的搭建，而不用从零开始。

1.4.2 工作原理

游戏的进行需要实现许多功能，如图形显示、物理计算、关卡设置、游戏智能，网络通信等。这些功能的实现需要两方面进行配合，那就是游戏资源和游戏引擎。游戏资源包括图形图像、声音、动画、计算机逻辑语言等内容，而游戏引擎的工作就是按游戏设计的顺序和逻辑，调用这些游戏资源，以实现所设想的游戏规则、玩法与视听呈现。

游戏引擎大部分都支持多种操作平台，如 Linux、Mac OS、微软 Windows。

1.4.3 诞生与发展

游戏引擎并不是伴随着游戏的出现而诞生的，而是游戏开发者们根据多年的经验总结而开发的工具。早期的游戏开发缺乏经验和计划性，虽然当时的游戏内容单薄功能简单，但是开发周期却相当的长。原因一方面是由于当时技术条件的限制，另一方面是每款游戏作品的开发都要从头开始，造成大量重复劳动。随着开发经验的不断积累，有些游戏开发者在开发新作品时开始借用类似游戏的部分程序代码作为基础框架，以节约时间降低工作量。这种行为和方法其实就是游戏引擎概念的雏形。

在游戏美术发展史中介绍过开创三维时代的游戏作品《德军总部 3D》，这款游戏所使用的引擎同样也是第一款三维游戏引擎。《德军总部 3D》由 ID Software 开发，它的创始人之一就是在游戏界享有盛誉的约翰·卡马克（John D. Carmack），他凭借对三维射击游戏的贡献也被称为"FPS 之父"。而由《德军总部 3D》开始，对游戏引擎的开发就开始了蓬勃的发展。

从游戏美术发展的变化也可以看到游戏引擎在图形处理方面相应的进步，从 20 世纪 90 年代至今，经过 20 多年的发展和积累，游戏引擎的技术已经非常成熟。从像素风格的假 3D，到今天电影级别画面的光影效果，游戏引擎已经真正成为了游戏开发的"原动力"。

1.4.4 功能

游戏引擎的基本功能通常包括渲染引擎、物理引擎、脚本引擎、声音系统、动画系统、人工智能、网络引擎以及场景管理。

（1）渲染引擎。

渲染是把图像图形内容，如三维模型、二维图像、动画、光影、特效等所有视觉元素实时计算出来显示在屏幕上，渲染是引擎最重要的功能之一，图像渲染的质量与速度也是评价引擎好坏的重要标准。游戏画面的光影效果完全是由渲染引擎所控制的，树木、石头、水、皮肤、金属等不同物体的材质、光线的折射、反射以及动态光源、光线色调这些所有的画面效果都是渲染引擎通过不同的编程技术实现的。

（2）物理引擎。

物理引擎是游戏引擎的另一重要功能，它的作用是通过程序为游戏提供物理模拟，从而使游戏内的互动动画可以遵循合理的规律，增加游戏的真实感。

物理引擎的重力模拟可以让人物以合理的速度下落，子弹以合理的轨道飞行，车辆以合理的方式行驶与过弯。碰撞系统是物理引擎的核心部分，它可以探测游戏中各物体的物理边缘。当游戏中的两个物体撞在一起的时候，碰撞系统会对它们的运动进行控制，防止它们相互穿过，保持物理特性。物理引擎还可以模拟复杂的动画，例如毛发、布料等。

（3）脚本引擎。

游戏的功能性都是依靠程序脚本的运行实现的，因此游戏引擎对于程序脚本的管理也非常重要，这一功能就是通过脚本引擎来实现的。脚本引擎通常与许多物理触发器连接在一起，当游戏内容的进行中触发器被激发时，相对应的功能脚本就开始发挥作用，控制游戏的继续或事件的发生。游戏的脚本数量异常庞大，游戏进行中脚本运行的次数与复杂程度都非常高，脚本引擎就可以帮助工程师来管理脚本运行的次序、逻辑，保证游戏能够正常运行，不至于崩溃或者漏洞百出。

（4）动画系统。

动画系统也是游戏引擎的关键内容，它的功能是控制游戏中所有的动画。游戏所采用的动画系统可以分为是骨骼动画系统和模型点动画系统，前者使用三维骨骼带动人物和所有活动物体产生运动，后者则是在模型的基础上直接对点进行动画而进行变形。

动画系统同样可以给设计师提供编辑工具，以对游戏的动画资源进行加工和调整。

（5）人工智能。

游戏引擎也为开发者提供了人工智能系统，开发者可以通过脚本控制游戏内 NPC 的行为。

（6）场景管理。

场景管理其实是游戏引擎的基本功能，这个模块就像是资源管理器，每个游戏场景的模型、贴图、动画、脚本等游戏资源都可以通过这一模块进行管理，分门别类。

1.5　游戏开发分工

1.5.1　游戏制作人

游戏制作人（Game Producer）需要全程参与游戏的策划、开发与营销，职能类似于电影的导演和制片人，是游戏开发与运营团队的领导者。成为优秀的游戏制作人必须具备极高的综合素质，对游戏策划、开发、营销的各个环节都有所了解，并且精通于一个或几个方面，同时还要善于学习，勤奋认真，具有良好的沟通能力和管理能力。

制作人制度也是行业内最流行的工作体制，这种工作方式在日本与北美的主流游戏公司都被广泛使用，著名的游戏制作人有小岛秀夫（《合金装备》系列制作人，游戏电影化概念的倡导者）、宫本茂（《超级马里奥兄弟》之父，"任天堂"文化的缔造者）、坂口博信（《最终幻想》系列的制作人）、威尔·莱特（《模拟城市》系

列制作人)、约翰·卡马克（三维游戏引擎的发明者，FPS游戏之父）等。国内的一些游戏公司也渐渐开始实行制作人制度，许多游戏公司也借此推出了自己的王牌产品。

1.5.2　游戏策划

　　游戏策划是游戏开发的核心环节，其中负责设计与策划所有的游戏内容。主要工作是编写游戏背景故事，制定游戏规则与玩法，设计游戏交互环节，计算游戏数据与公式，设计游戏世界的世界观等。游戏策划是游戏开发的规划者，他们需要在游戏开发前期的环节中，明确游戏类型、确定游戏风格和表现手法、预估游戏的开发难度与可行性、制作开发预算。在开发中期工作中，协助游戏制作人管理整个开发团队，及时将设计思路整理清晰并且传达给游戏美术和游戏程序。

1.5.3　游戏美术

　　游戏美术完成所有游戏视觉元素的设计与制作，是一项专业性很强工作，要求游戏美术设计师具有较强的美术造型能力、表现能力和设计能力，负责三维制作的游戏美术师还需要熟练掌握常用的三维软件与图形绘制软件，以完成相应的工作。游戏美术除了完成自己的本职工作之外，还需要和游戏策划和游戏程序部门通力配合，完成调试、修改与优化工作，以保证最终游戏产品的质量。

　　游戏美术环节是本书的重点，关于游戏美术环节的理论知识将在第二章中详细展开。

1.5.4　游戏程序

　　游戏程序是游戏开发中的主心骨，所有的游戏功能、游戏性的实现、游戏美术的呈现都离不开游戏程序代码的设计与编写。游戏程序设计师，是计算机软件开发的高手，他们精通软件开发语言，能够熟练使用游戏引擎完成对游戏架构的搭建与资源的整合利用。

　　游戏程序开发是一个反复的过程，程序的功能不是一蹴而就的，尤其对于许多复杂的游戏功能，更是需要反复的修改调整与测试，最终才能实现的。

1.5.5　游戏声音

　　游戏的声音对于整个游戏作品来说也举足轻重，但是游戏声音在整个开发过程中所占的比重并不大。游戏声音的创作包括了背景音乐、音效、对白配音等，声音的创作者大多是游戏开发团队对外聘请的专业作曲家、音乐家、演奏家和配音演员来完成的。

1.5.6　游戏宣发与运营

　　游戏宣发与运营工作直接关系到一部游戏作品所能取得的经济效益。在游戏产品开发完成之后，宣发团队就会开始工作。他们需要与游戏策划、游戏制作人一起制定宣传发行游戏的方案，通过广告媒体、游戏会展等形式把游戏产品推销给玩家，获得经济收益。

　　游戏的运营团队则是在游戏发布之后，收集玩家的反馈信息，做好售后的相关工作。对于大型网络游戏而言，往往需要一个专业的运营团队来管理服务器与游戏数据，保证游戏的数据安全，保证游戏数据交换的顺畅并且及时解答玩家的疑问，把游戏的BUG和错误信息反馈给开发团队，以进行修改。

2

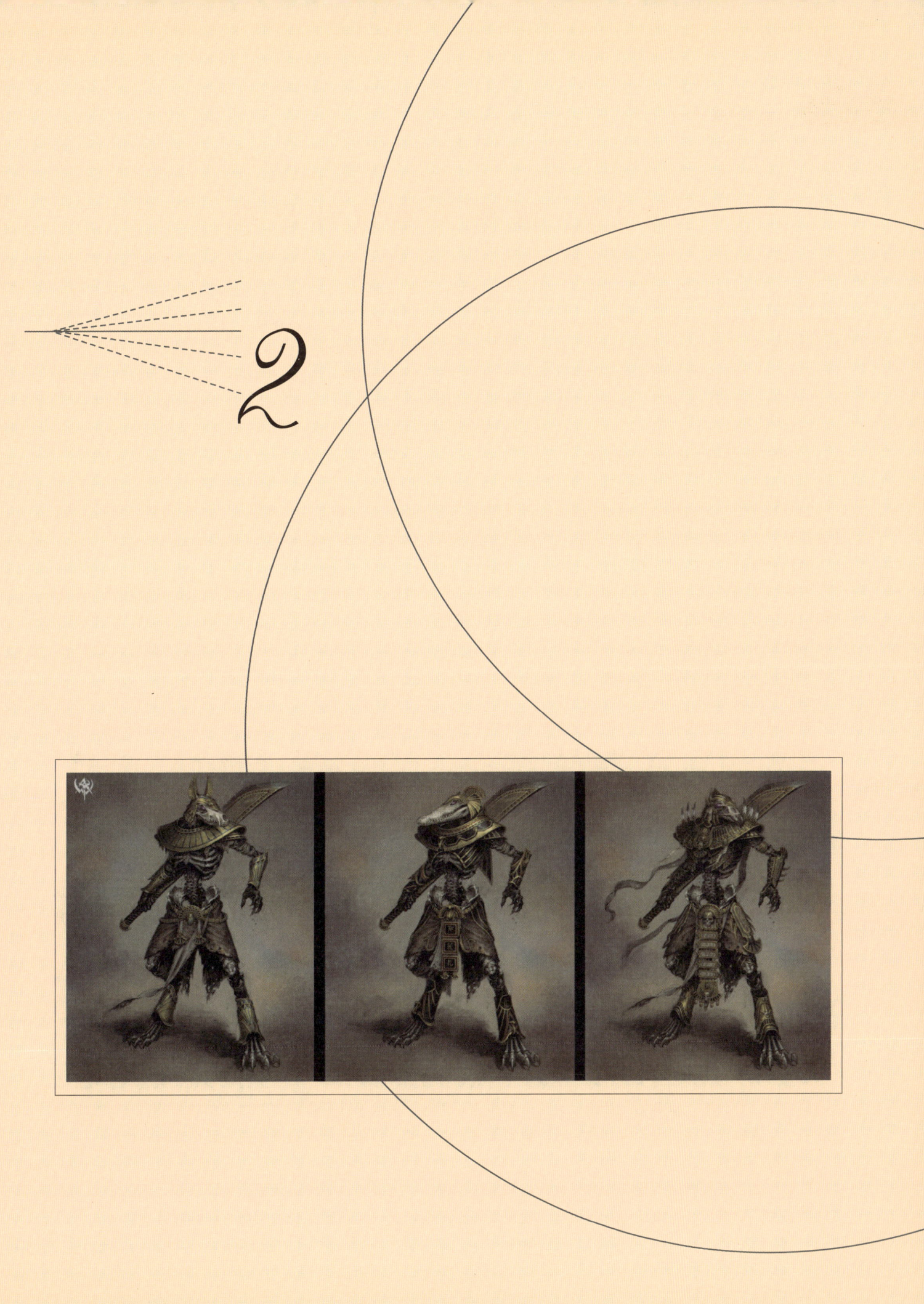

第 2 章　游戏美术设计思维

第 1 章对游戏体系浅显易懂的讲解，理解了游戏性与游戏美术的关系，通过游戏的发展历程认识了游戏美术在几个重要时期的特点变化及发展趋势，认识了游戏的不同分类和各类型游戏美术设计的侧重点，理解了游戏引擎的概念、功能与工作方式，并且初步了解了游戏开发的分工与职能。

本章内容将重点展开游戏美术设计思维的内容，深入了解游戏策划、美术、程序三者的有机结合，认识游戏美术设计的核心指导方向，详细认识游戏美术环节的细节分工与组成，并且牢牢抓住游戏的视觉中心设计。

2.1　游戏美术设计与策划

游戏策划是开发的核心，为游戏美术设计提供指导思想。想要理解游戏美术设计与游戏策划之间的关系，就必须深入认识策划的工作细分，从每个环节中寻找与美术创作密切相关的内容。

(1) 主策划。

主策划是游戏策划部门的主管，主要工作职责在于设计游戏的整体概念，管理和协调中期开发过程中各部门的日常工作，同时负责指导策划组的成员进行游戏设计工作。

主策划主导的游戏设计理念会指导美术部门进行创作，游戏的美术风格一般由主美术与主策划一起确定，主美术在开发过程中的各个美术环节把握整体风格，主策划则监督整个游戏对此风格的实现。

(2) 系统策划。

系统策划是游戏的规则设计师，主要负责游戏系统规则、玩法、功能的策划与设计，系统策划和程序部门的工作衔接比较紧密。游戏的系统包含多个模块内容，例如组队、战斗、得分、排行榜、好友等，系统策划需要设计界面布局与界面功能、逻辑判断流程图与各种提示信息等。

美术部门的用户界面（UI）设计部门与系统策划关系紧密，职能是具体设计和制作系统策划确定的游戏界面内容，包括菜单、按钮、进度条、提示效果等。

(3) 文案策划。

文案策划负责游戏中文字内容的设计，包括世界设计、主线剧情、支线剧情、游戏说明文字、局部文字润色等。文案策划扮演的是作家的角色，他们会与主策划及其他相关部门一起讨论游戏世界观与背景的建立，然后梳理整合成文字内容或者故事。

文案策划虽然是与文字打交道，但是其工作的结果与游戏美术设计的关系却非常紧密。成型的文字内容其实就是美术设计师们的主题，特别是游戏的世界观设定；它决定着角色、场景、道具以及所有设计内容的方向。

(4) 关卡策划。

关卡策划又称为游戏关卡设计师，主要负责游戏场景布局、任务流程、关卡进行的设计，具体内容包括设计场景中的怪物分布、NPC 的行径路径、关卡障碍和陷阱等。关卡设计师扮演游戏世界的主要搭建者，他们通过游戏引擎直接使用美术设计师制作完成的资源搭建游戏场景，与美术资源的具体制作环节连接紧密。

(5) 数值策划。

数值策划主要负责游戏平衡性方面的规则和系统的设计，主要通过各类游戏的数值来实现，例如游戏中所见的攻击力、防御力、生命值等，数值策划也需要和程序设计者一起确定这些数值属性的合理算法和公式。

游戏数值策划的工作更接近于游戏的基础运行方面，与美术工作的相关性较小。

2.2 游戏美术设计与世界观设定

只要是拥有剧情的游戏，都需要有一个相对完整的世界观构建。而游戏的世界观设定由策划团队来主导构建，完成世界观设定的文字内容将成为美术设计的主题性纲领，美术创作的所有内容都不能背离世界观设定的方向，否则就会造成混乱与不协调影响游戏的整体质量。

世界观设定并不是文字游戏，成熟的世界观设定仅仅靠文案策划们的想象力与文笔是无法真正实现的。游戏美术师们的许多概念设计作品也会在世界观设定上起到关键性作用，他们描绘的某些人物和场景可能会主导世界观定义的方向、时代等特征。通过视觉表现与文字描写的反复推敲，一个完整的世界观才能真正确立起来。

2.2.1 世界观的定义

世界观本身是一个哲学词语，是人们对世界或宇宙的基本看法和观点。哲学中针对世界观体系有明确的阐述，它包括了以下几点：

(1) 自然观：植物观、动物观、矿物观、进化观、土地观、海洋观、能源观。
(2) 政治观：国家观、民主观、公民观、外交观、法律观、政府观、军事观、战争观。
(3) 社会观：人口观、种族观、民族观、人文观、宗教观、教育观、传播观、新闻观、语言观。
(4) 经济观：货币观。
(5) 物质观：运动观、规律观。
(6) 时空观：历史观、未来观。
(7) 天文观：天体观、地球观。

还有市场观、效率观、国际观、联系观、人生观、价值观等，世界观其实就是人类对世界认识的一种记录，是人们思维中世界的法则与规律。

游戏的世界观也借用了这一哲学意味，它确立的就是游戏设计师们在创造虚拟世界时的设计准则和规范。从玩家的角度来说，就是玩家在游戏进行中获得的虚拟世界体验。真正优秀的游戏作品，往往能像真实世界一样具有存在感，这种存在感与真实性就来自于世界观设定的完整性，以及游戏内容对世界观的表现与实现程度。

下面来看一段《魔兽世界》最新资料片的世界观文字说明。

"……德拉诺是一片岩浆与金属交织，岩石与蒸汽共存的土地。城市中巨大的熔炉冒出的烟尘遮蔽了双月，巨大的车轮碾碎大地。邪恶的刃牙虎人、背生双翼的鸦人、浑身是刺的戈隆以及更多非凡的生物统治着世界的边缘，享用着遇难者的遗体……"

虽然这段说明文字很简单，但是它交代了"德拉诺"世界的气候、地理情况：充满岩浆、金属、岩石与蒸汽，从"城市、熔炉、烟尘、车轮"的细节描写中也能感受到一些工业文明的存在，世界中还生活这许多原住民怪物，它们是冒险者的死敌。读完这段世界观说明文字，一个原始的世界开始在人们的眼前浮现。《魔兽世界——德拉诺之王》资料片的开发者在发布这段文字说明时，也为玩家与粉丝们带来了数张美术设计图辅助表现这个世界观，如图2-1和图2-2所示。

2.2.2 世界观的构建方法

世界观设定是一项综合性的创作，要求设计师掌握多门功课：熟悉各种风格的文学与故事，对生物、地

图 2-1 《魔兽世界——德拉诺之王》资料片纳格兰场景概念图

图 2-2 《魔兽世界——德拉诺之王》资料片影月谷场景概念图

理、物理等自然科学有一定认识，在历史、经济等人文社会科学方面有一定积累，并且有丰富的想象力和严密的逻辑思维，有足够的信心耐心不断创作和完善这个世界观设计。

世界观的设计者需要具备宏观的创造性思维，构建整个世界的全局，也需要有深入研究的钻研精神去丰富细节，完成具体的研究和设计工作。世界观设计是团队智慧的结晶，集众人所长充分讨论与加工最终才能成为一种构建世界的观念。

(1) 确定世界观的基本信息。

世界观的基本信息包括类型风格与时代背景。

类型风格类似文学、影视作品的题材，例如写实、现实、魔幻、科幻、玄幻等。时代背景是为世界观定义年代特征，包括远古、古代、现代、未来等。

基本信息为后续的设计确定了主题、指明了范围，细节的深入展开必须符合已经确立的主题范围，否则就会出现穿越感与不合理性。例如一个发生在远古时代的故事中就不太可能出现科技感很强的内容，而科幻题材下也不太可能违背主题的古旧事物。

(2) 丰富世界观背景。

凭空创造全新的世界观是一项困难的工作，设计师们通常会寻找许多已有的故事和参考，并在此基础上一步步地再创造，这一过程就是世界观背景的丰富过程。

比如要构建一个古代玄幻题材的世界观，就需要搜集许多背景相关的作品和故事，例如中国古代三皇五帝的故事、封神榜的传说、《山海经》的玄妙内容等都可以成为参考的对象。许多著名的游戏世界观背景的丰富都采用了这样的方法，著名的《魔法门：英雄无敌》系列就综合了北欧、希腊神话中的许多传说故事，《三国志》系列游戏就借用了《三国演义》小说中的故事与三国时期真实的历史背景等。

我们生活的真实世界丰富多彩，可以作为世界观设定参考的对象多种多样，只要学会发现、善于发现，就能对设计师进行世界观设定提供帮助。

(3) 设置世界观的自然信息。

世界观的自然信息包括气候、地形、地貌、植被等地理内容，还包括物种、生态等生物科学，以及重力等物理特征。自然信息的设定能够给世界提供存在感和真实感，这些细节同样也决定了后续对于人物、社会、文明的构建。一个世界区域的社会发展水平和状况，与相对应的自然条件是分不开的。举个最简单的例子：世界几大古文明中，发源于海边的古希腊文明与发源于大河边的古埃及文明，在经济、政治、文化艺术方面都是迥然不同的。自然条件也决定了社会风情与人群风俗，沙漠与草原上生活的社会与文明当然也是千差万别的。

所以自然信息的构建在世界观信息中举足轻重，在设定世界和文明时，必须先构思好相关的地理条件，海洋与山脉影响着气候，气候影响植被、动物、矿藏等自然资源，自然资源影响着文明的构建。自然信息一旦构建详细合理，后续的工作就能平稳展开。自然信息也极具美术表现效果，可以为美术创作提供大量依据和参考。

(4) 构建社会文明与人类活动。

根据前面的世界观架构，就可以开始设置文明社会的内容与活动，当然产生文明的主角或者种族不一定是人类，在许多作品中都有非人类种族的文明，比常见的人类主角更加有趣，这里只是以人类为例说明创作方法。

世界观的社会内容包括国家、种族、势力等阵营性设定，还包括这些阵营内部的组织状况、发展状况、矛盾状况、社会结构、族群习惯、宗教信仰、历史传说等。这些内容的构建看起来复杂，但是只要前面的工作足够详细，这里的内容可以算顺水推舟。

在构建社会内容时要注意两个基本点。

首先，社会内容与游戏主角的生活已经非常接近，在编写这些内容时一定要注意为主角或者剧情服务。比如主角人物是一个流浪的剑客，那么构建社会内容时要注意各地特色的明显区分，这样才有可能够产生足够多的冒险故事。如果主角是一个能征善战的将军，那构建社会内容时要格外突出各国势力之间的矛盾与冲突。

其次，构建社会内容时，要符合之前世界观类型、背景和自然的设定建立的逻辑。例如山清水秀物产丰富的富饶地区的人们都应该崇尚平静而不应该是浮躁、狂暴、嗜血的暴徒，相对的在广袤贫瘠的沙漠中生活的种族则应该相对豪爽与彪悍，而不是娇嫩柔弱的状态。

(5) 设置矛盾冲突。

有了人类社会文明之后，世界上就必然会有冲突。设置合理的矛盾冲突，会让整个游戏故事更加有趣，世界观也会更加合理。矛盾冲突的种类多种多样：可以是各国、各种族、各势力之间的阵营矛盾，可以是人类与入侵种族的求生对抗，也可以是传统的正邪势力的争斗。矛盾冲突的类型决定了世界观与游戏的风格，也决定了游戏世界中人们的行为动机。设置世界观中的矛盾冲突要注意细节的深入与合理性，这两点主要体现在对矛盾起因的设计上。

(6) 人物小传。

世界观设定的前五个步骤已经从宏观上确立了世界的架构，最后则需要从微观层面上，整理人物关系，构思人物背景故事，撰写人物小传。人物小传的作用就像巨大机器中细小的齿轮，是整体世界观的组成部分，虽然体量较小，但是却能让整体设定更加合理。

人物小传的编写要符合整体世界观的架构，使他成为世界中的一分子：生活习性、性格特征要符合自然与社会条件，行为准则要与世界中的矛盾冲突相关。

2.2.3 世界观题材与美术风格

世界观与美术创作关系密切，两者相互影响相互作用。一方面世界观题材决定着游戏美术的风格，另一方面游戏美术的风格也能够影响世界观设定本身。

下面通过大家比较熟悉的几个游戏作品，来看一看世界观与美术创作的关系。

暴雪娱乐出品的MMORPG游戏《魔兽世界》(World of Warcraft，以下简称WOW)已经在世界范围内风靡了十年不衰，为角色扮演类网络游戏立下了一块不倒的丰碑。WOW的世界观，是由该公司出品的系列即时战略游戏《魔兽争霸》的故事发展而来，这一系列作品在WOW上线之前就已经延续近10年的时间，具有相当扎实和全面的世界观背景设定。包含了历史、传说、地理、政治、经济、宗教、种族、军事等各个部分，并且通过部落与联盟两个阵营的对抗有机地结合在一起，构成了一个极其逼真的虚拟游戏世界。

在WOW中，玩家能通过冒险认识泰坦创世与宇宙的形成，上古之神与泰坦的战争，远古大陆卡利姆多的形成；通过阵营战斗认识人类、兽人这两个主要种族的新仇旧恨，联盟与部落两个阵营的发展扩大，不同种族的特点与信仰；通过探索世界感受不同的地形地貌，认识不同生物的外贸、风俗和战斗方式……可以说WOW这款游戏是包罗万象的，在游戏中能依稀感觉到古希腊神话、北欧神话、玛雅文化、克苏鲁神话以及东方神秘文化等对游戏世界产生的影响，游戏带给玩家的是史诗般的冒险体验。

WOW的美术风格深受这样的世界观影响，为了体现史诗感与宏伟感，WOW的美术风格较为写实，细节丰富，同时还融合了欧美的卡通夸张，很好地突出强调某些概念。美术风格也和世界观设定一样包罗万象、丰富多彩，融合了世界上多种文化风格的特征：哥特式、巴洛克式、复古式、远古风格、图腾风格等，分别对应不同的种族与主题。

图2-3是《魔兽世界》游戏中巨魔种族风格的城堡，从美术风格上能明显找到古代柬埔寨高棉文化吴哥窟建筑的特点，如图2-4所示。

图2-3 《魔兽世界》游戏截图　　　　图2-4 柬埔寨吴哥王朝时期庙宇——吴哥窟

《三国无双》系列游戏是日本光荣公司的代表作品。游戏的世界观题材取自中国三国魏蜀吴争霸时期，在历史故事的基础之上进行了适当改编，融合了比较夸张的打斗动作元素突出不同人物的个性。美术风格相对的也在传统的古装风格上进行了特殊处理，以写实人物为基础，充分融合了日式唯美的人物造型风格与绚丽的服装设计风格，如图2-5所示。

《三国无双》的美术风格的现代感其实已经超越了对古代题材的还原，但是由于本身的世界观设定就并不是完全忠于历史，所以美术造型也不会有突兀的感觉，反而使整体游戏更加独立与三国的背景设定而成为一个个性的作品。

《植物大战僵尸》是2011年上市的一款益智类塔防游戏，这个游戏作品可以算是世界观题材与美术风格统一的绝佳案例。

从游戏的LOGO中，就能感觉到它强烈而独特的卡通诙谐风格，如图2-6所示。游戏的世界观定位在现

图 2-5 《三国无双》人物壁纸

代，有非常夸张的故事与主题设定：僵尸在僵尸博士的指挥下大举进攻玩家的房子，玩家通过种植会攻击僵尸的植物包围自己的家园。本款虽然不像 WOW 这样的大型游戏那样具有完整的世界观设定，但是简单的剧情和故事背景架构也让它独具魅力。

《植物大战僵尸》的世界观设定确定了卡通夸张的美术风格，而成功的美术设计也辅助了世界观的建立，整体游戏玩起来类似欧美卡通片，不同植物角色和僵尸角色的个性突出而且诙谐滑稽，具有幽默感，如图 2-7 所示。

图 2-6 《植物大战僵尸》游戏 LOGO

图 2-7 《植物大战僵尸》游戏截图

2.3 游戏美术分工

游戏美术的分工随着游戏内容的不断发展而逐渐明确。

在游戏诞生初期，美术工作者大多没有经过艺术培训，或是有相关的专业学习背景。随着游戏复杂度的不断升级，游戏美术设计要求也不断提高。尤其到了全新的次世代，游戏画面的表现力不再受制于硬件与技术，而在于美术创作者自身的能力。

游戏美术设计是一个比较复杂的团队工作，美术设计、美术资源的制作不是单打独斗一朝一夕就能完成

的，他需要不同的美术部门与人员协作完成。下面就从游戏美术的开发流程角度，来详细认识一下游戏美术的分工。

2.3.1 前期策划与设计

前期策划与设计环节，需要对整个美术创作过程进行规划与设计，理解游戏制作人对游戏项目的规划定位，充分结合世界观设定，把需要设计的视觉内容确定下来进行归类整理、概念设计，并且深入进行原画设计统一风格。前期的美术工作最终会完成一套合理的美术创作方案，与一套完整统一的原画设定集，用以指导中期美术资源的具体制作。

(1) 艺术总监。

艺术总监又称为美术指导、主美术或者"主笔"。这一职位控制的是游戏作品整体的美术质量，对最终产品的视觉呈现负责，是游戏视觉艺术设计上的最高指导。艺术总监需要监管全部的创作过程，协调不同艺术工作者的风格统一性，制定美术设计与制作的标准，他的工作贯穿游戏开发的始终。艺术总监的艺术表现能力与审美能力一定是非常出众的，他创作的作品一定可以主导整个美术部门的方向。

山姆卫斯是暴雪娱乐的著名艺术总监，他曾经担任《魔兽争霸》系列游戏作品的主笔，创造了无数经久不衰的人物。

现代游戏团队对人才的综合素质要求越来越高，艺术总监不仅仅需要具有绝佳的艺术素养与游戏开发经验，还需要懂得游戏项目中各环节的配合，能够协调策划、程序与美术团队之间的关系，并且懂得美术制作环节中原画设计、三维制作、特效制作、动画制作等各项分工的配合方式。艺术总监还要具备一定的人员管理能力，可以调配好美术人力资源，以保证游戏项目开发的顺利进行。

(2) 美术策划。

美术策划是美术创作团队中的策划角色，负责完善世界观设定在美术创作部分的内容，与艺术总监一起定义美术风格与主题。同时还要担任游戏美术项目的管理者，制定任务周期与流程，代表美术部门与策划、程序等部门充分协调工作。

(3) 原画设计。

原画设计是前期美术工作中的重点内容。原画设计师们会组成一个团队，根据策划与世界观的内容，在艺术总监的指导下，创作游戏角色、场景、道具的设定图和效果图。原画设计师需要具备扎实的美术功底，熟悉人体解剖、色彩理论、光影表现、透视规律，并且具有极强的创造力。

原画设计一般分为两个阶段：概念设计与原画设计。

概念设计有时甚至提前于整个美术工作阶段，与世界观设定和策划阶段平行，其目的就是表现游戏前期策划时期的一些概念，把世界观和策划中的一些电子和想法视觉化。概念设计师的角色有时会由艺术总监亲自担任。原画设计相对于概念设计更加偏向对中期制作的指导上，在绘画表现上也更加具体、规范和准确，为游戏美术的中期制作提供参考和蓝本。

在现在的游戏美术设计中，原画师们大多都是用数字绘画工具进行设计和创作，以提高工作效率。这些具体知识将在后面的教材内容中详细展开。

2.3.2 中期制作

游戏美术的中期环节主要是完成各项美术资源的制作。中期制作团队需要服从艺术总监的监督与管理，在规定周期内按照原画设计师的设定指导完成美术资源的制作。中期制作是一项产业化的工作环节，各职能部门分工明确、相互配合，共同完成制作任务。但游戏的中期制作并不是简单的制作加工，在许多情况下，中期制作人员都需要根据实际情况加入合适的创意元素。

(1) 三维建模。

三维模型师负责制作游戏中所有人物、场景、道具、地形等的三维模型。模型制作是游戏中期的基础性环节，要求模型师具有一定的美术造型功底和优秀的立体造型能力，能够熟练使用三维软件进行工作。

由于游戏的图像是实时渲染生成的，所以游戏的模型在面数要求上比较苛刻，模型师需要用尽可能少的多边形面数，来突出造型轮廓与结构，还原原画设计的准确造型。在制作过程中模型师需要对一些原画细节进行取舍，确定哪些地方用模型来表现，哪些使用凹凸和色彩贴图来制作。因此，游戏模型师对贴图制作技术也必须有一定了解，有些公司甚至要求模型师同时负责UV展开与贴图绘制，把模型与贴图环节合并，统称为三维角色制作、三维场景制作。

次世代游戏主机的处理性能得到了很大的提升，因此对于模型的使用量也有一定程度上的放宽，模型师可以使用面数较多的多边形来表现复杂的造型。图2-8是一个次世代游戏的角色模型，可以看到这个模型的细节已经非常丰富了。

图2-8 《英雄无敌6》半人马模型

(2) 贴图美术。

贴图在三维画面表现中至关重要，由于游戏无法像电影或者三维动画片一样使用高精度的三维模型，因此三维造型与效果的表现很大程度上需要依靠贴图来实现。在三维游戏制作中，经常有"三分模型七分贴图"的说法，可见贴图的重要性。

贴图美术师需要掌握一定的绘画技能，通过数字绘画软件为模型绘制颜色与细节。传统的三维游戏美术制作中，贴图工作最集中在色彩的表现上，美术师使用原画设定中的色彩为素色的模型绘制出结构、装饰等内容，使其成为最终可用的美术资源。

次世代游戏引擎的大范围使用，让贴图美术这个环节发生了巨大变化。法线与高光贴图技术全面优化地进入了游戏引擎中，让设计师们可以在简单的模型表面制造细部结构的凹凸变化，以及高光强弱的变化。这一技术的革命性进步，对模型与贴图两个环节提出了更高的要求。模型师在制作完成引擎可用的低面数多边形之后，还要再通过Zbrush等高级数字雕刻软件对模型进行细化与深入，最后把精致而细节丰富的高精度模型烘焙成法线贴图，贴在低面模型上让其细节度接近高精度的模型，如图2-9所示。

这一全新技术的引入让模型与贴图环节的工作量大幅地增加，但同时，在高光贴图的细节效果，以及游戏模型的表现力却得到了大幅度的提升。从图2-10中可以看到：法线、色彩、高光贴图配合下制作出的栩栩如生的半人马模型。

图 2-9 《英雄无敌6》半人马的高精度模型

图 2-10 《英雄无敌6》半人马的完成效果

（3）动画制作。

动画环节完成的是游戏角色的动作设计，让三维人物和怪物动起来。动画制作是美术团队中对绘画要求最低的分工环节，但是动画师充分了解动画原理，与不同角色类型的运动规律，能够准确把握动作的时间节奏，并且能够通过动作表现角色个性。完成这一目标，需要长期动画制作经验的积累。动画也是对三维软件技术要求最高的环节，动画师需要熟练使用三维骨骼系统，掌握蒙皮技术与运动权重的分配，熟练制作表情、变形等细节的动画效果。

游戏动画与影视作品的动画有一个主要区别，那就是动作往往都是一个个循环的片段，动作的初始状态与结束状态是一致的，这对于很多动画师的表演上来讲是一个限制。动画师需要把每个动作循环都做到非常完美，才能避免单一循环带来的呆板感。

次世代游戏对角色动画的要求也非常高，为了使游戏画面达到电影级别，角色的许多肢体动作都采用了运动捕捉技术来提高真实度，许多表情动画的处理也进行不断的细化以求达到特写景别的要求。图 2-11 是 2014 年发售的最新游戏《罗马之子》的游戏画面截图，可以看到画面的质量已经与动画电影难以区分，表情细节的刻画更是让人叹为观止。

图 2-11 《罗马之子》的人物表情

(4) 游戏特效。

游戏中武器挥动的刀光、对打产生的火花、爆炸的烟雾火焰、水流、布料模拟等内容都属于特效的范畴。游戏特效环节随着游戏对面要求的不断提高而显得越来越重要，特效可以为画面增色，也可以让玩家获得更好的游戏互动感。

特效师需要具备较好的审美能力，能够从整体上把握游戏画面，合理控制特效的比重，不至喧宾夺主。特效工作的技术性要求也非常强，特效师需要掌握各种类型三维特效的制作原理，对特效资源进行合理使用，最终通过游戏引擎实现出来。

次世代游戏引擎的特效处理功能非常强大，它能够把以往很难实现的复杂效果模块化，只用在模板的基础上稍加处理就能实现出色的效果。图 2-12 是德国著名的 Cry Engine 3 对于水体的模拟效果，画面已经堪比电影。

图 2-12 Cry Engine 3 的水体模拟效果

(5) 场景制作。

场景制作往往是美术中期制作中工作量最大的环节，因为游戏场景包含的元素是最多的。场景制作包含了：游戏地图编辑、地形制作、地形装饰物建筑物的拜访与设计等，场景制作往往也会和关卡设计结合在一起。

场景制作者用游戏引擎来管理三维场景美术资源，使用这些资源像搭积木一样搭建整个游戏的场景架构与世界地图。

(6) 用户界面设计。

用户界面的英文简称是 UI（User Interface），UI 设计指的是游戏的人机交互、操作逻辑与界面呈现的设计。在美术创作中，UI 设计主要针对平面图形，属于视觉设计范畴。

虽然 UI 美术设计主要关注的是视觉方面，但也必须遵循几个重要原则：界面简洁、易用、低记忆负担、低视觉负担、人性化、排列整齐。优秀的 UI 美术总能让游戏整体变得更加有品位，更有个性，上手性更快，提供最佳的用户体验。

(7) 游戏 CG 制作。

游戏 CG 制作通常由一个独立小团队完成，他们的工作与短片电影拍摄类似，负责制作供游戏推广使用的宣传片与过场动画。

2.3.3 后期应用与优化

游戏美术的后期环节主要是美术资源的整理、归类与优化，与美术创作的相关性较小，通常由资源与数据管理人员来完成。在游戏美术资源导入游戏引擎的过程中，或者游戏资源的使用过程中，难免会出现一些技术标准上的问题。这时相关人员会给美术团队做出反馈，由对应的制作者进行修改。

2.4 游戏的视觉中心设计

2.4.1 视觉中心的定义

人类生活在一个视觉元素爆炸的世界中，身边的万事万物都会吸引人们的眼球。"看"是平时生活中一个非常简单的动作，"看"也是人们认识和了解世界最直接的方法。而看的究竟是什么？人？景？物？人们每天会看到许许多多吸引视觉的事物，但在同一时间内所能看到的范围确实很有限的，满眼的事物中其实只有一点是清晰的，人对这个中心的感受也最强烈。这是因为人类是双眼生在面前的动物，人类不能像变色龙一样同时观察不同方位的物体，产生多个焦点，人的大脑也不能处理这样的视觉信息。所以在人的感官中存在一个视觉中心的概念。

视觉中心就是某刻或某段时间内，视觉感官最清晰的内容。能吸引人们长时间去"看"的事物，具有很高的美学价值。经过视觉艺术大师们别具匠心的思考与安排而创作出的作品尤能吸引人的眼球，这些艺术作品本身是视觉中心，它们的某部分或某方面也是这个作品整体之中的视觉中心。

对于游戏来说，视觉中心与美术创作是密切相关的。游戏的视觉中心元素是游戏画面的中心，是视觉设计师最需要关注的要素，决定整个游戏的美术风格。当然，它也是重要声音效果的触发者，故事剧情发展的推动点，整个世界观的重要体现者，也是决定不同游戏玩法的要素，它是互动的重要媒介。可以说，游戏视觉中心设计的好坏直接关系到游戏性的高低。

2.4.2 视觉中心设计与游戏性

(1) 角色表现。

角色毫无疑问是游戏视觉中心中非常重要的内容。《波斯王子·武者之心》是育碧公司的动作类游戏，作为该类型游戏的代表性作品，波斯王子系列在视觉中心设计的把握上一直是非常成功的。

《波斯王子·武者之心》中的波斯王子是一个成年男子的形象，优良的体格、邋遢的中长发、双手拿着哥特式的武器，整体是一个冷酷凶狠的武士形象，如图 2-13 所示。角色身体着装的设计并没有采用华丽鲜亮的风格，而是选择了相反地朴实厚重感，这样的设计整体感强，很好地突出了主角的沧桑感和强势感，并且灰暗低调的色彩不会使玩家因长时间注视而产生视觉疲劳。王子身上较为突出的是腰部红色的丝带，这样的红色与王子的身体产生了对比，角色本身具备了强烈的主次关系，并且这红色也让角色在灰暗阴沉的环境与背景中一直保持着非常突出的视觉位置。这样的设计充分利用了绘画上常使用的对比色的方法。

融入丰富的文化元素在角色设计上也能加强其视觉中心的地位。设计一个形象、一个情节是一个从无到有的过程，与所有形式的艺术创作一样都需要进行长时间的积累并进行大胆的想象。出色的造型设计往往都会融入或借用人类优秀文化的影子。《战锤》系列游戏设定一直被视为西方魔幻经典与正统，墓穴之王是游戏中的一个种族，为创造独具特色的社会、宗教、军事系统，设计师充分融入了古埃及文化来打造这个恐怖的不死族形象。

在古埃及的神话传说中有许多兽头人身的神明形象，图2-14中三个形象的设计就以死神"阿努比斯"，鳄鱼神"索贝克"，战神"莫"这三个古埃及神明为原型，这样的神话背景使得这三个形象具有极强的神秘感和历史感。古埃及人相信太阳的东升西落是由圣甲虫掌控的，并相信这些昆虫具有起死回生的能力，而把它作为太阳神供奉起来；蛇在古埃及文化中象征邪恶、厄运、疾病；雄鹰的翅膀象征力量、伟大与复兴。这些元素加入造型盔甲的设计之中，让这三个木乃伊战士也带上了

图2-13 《波斯王子·武者之心》的主角造型

这些符号所象征的意义，邪恶、强大的个性通过金色、黑色、绿色的搭配得以彰显出来。这样的造型设计给虚构的形象巧妙地加上了现实文化的存在感，这样的角色行走在沙漠场景之中，带给人的视觉冲击力无疑是震撼的。

图2-14 《战锤》墓穴之王角色造型

(2) UI界面设计。

《魔兽世界》是最负盛名的MMORPG游戏，游戏具有宏伟的世界观，许多史诗般的故事线，在角色造型、场景气氛这些视觉设计上也是游戏中的佼佼者。这里要说一说魔兽的设计师们对于UI这个视觉中心是如何把握的。

图2-15是玩家角色的属性状态栏，玩家在看到这个界面的时候首先进入眼帘的是角色的形象、许多装备道具的图标以及属性数字，这样的设计思路是很成功的，设计师的目的已经达到。在这个UI界面中最需要看到的就是玩家第一眼所看到的这些，这个UI的设计并没有什么多余的地方，简洁而有效，符合界面设计易用、容易上手、无记忆负担的原则。黑色的背景很好的突出了角色形象、装备图标，以及玩家的属性数值这些最需

要看到的元素。再仔细看一看这个陪衬用的黑色背景，它并不是简单的黑色而是具有石头的质感和金属边，这也很符合游戏整体的厚重感和沉淀感。《魔兽世界》的 UI 设计师对于视觉中心的把握是细心和有效的，依然是通过对比的手法获得了杰出的效果。

灰度高的底色突出彩度高的内容，这样的设计其实也存在着一个问题，如图 2-16 所示。当这些图标密密麻麻地排列在一起的时候玩家就会感觉眼花缭乱，需要花上不少时间才能从这么多的图标之中找到需要找的那一个。《魔兽世界》本身是一个节奏可快可慢的游戏，花上一些时间去寻找或许不是什么问题，但是对于许多节奏紧张的游戏这样的设计就会给玩家带来麻烦。

图 2-15 《魔兽世界——燃烧的远征》
资料片角色属性界面

图 2-16 《魔兽世界——燃烧的远征》
资料片角色背包界面

《怪物猎人》是卡普空（Capcom）推出的著名的动作类游戏，这是一款战斗节奏非常快的游戏，玩家在面对怪物攻击时必须在极短的时间内做出相应的判断和相应的动作，对于道具的寻找和使用也必须十分迅速。怪物猎人的 UI 设计师为了让物品变得容易识别把道具的图标进行了风格化、矢量化处理，让他们看起来简洁并且区分明显。在许多的道具中玩家一眼就能分辨出体力恢复药水、捕捉怪物用的陷阱、逃跑用的烟幕弹等这些道具的图标，如图 2-17 所示。

（3）世界观与思想内涵的表达。

《辐射 3》的世界设定在 2077 年因核战争而变成废土的地球，幸存下来的人类移居到地下的避难所中生存繁衍，并努力寻找重建家园的方法。玩家扮演的是 200 年后出生的居民，母亲死于难产，相依为命的父亲由于不明原因失踪，为了寻找父亲的下落，玩家走出地下避难所来到废土世界展开冒险。《辐射 3》继承了这个系列游戏一贯的黑色幽默风格，表达了设计师对于人类科技可能造成破坏性后果的担忧、对 50 年代文化的怀旧以及对当前美国政治文化现象的讽刺，在同类型游戏中是相当具有思想深度内涵的作品。

图 2-18 中的道具是安装在玩家手腕部位的一个装置 pip-boy，是主角生日的那天父亲送给他的礼物。这个道具其实也是玩家的属性表状态栏 UI，很显然这个装置是游戏中一个十分关键的视觉中心元素。道具整体的设计颇具上世纪老工业时代产品的味道：仪表盘、显示器（球面显示器，绿色的像素字）、螺母以及旋钮（老式的电台收音机）这些元素的使用，非常生动形象地展现了设计师对于 50 年代文化怀旧的思想。屏幕中的卡

第 2 章 游戏美术设计思维

图 2-17 《怪物猎人》游戏界面

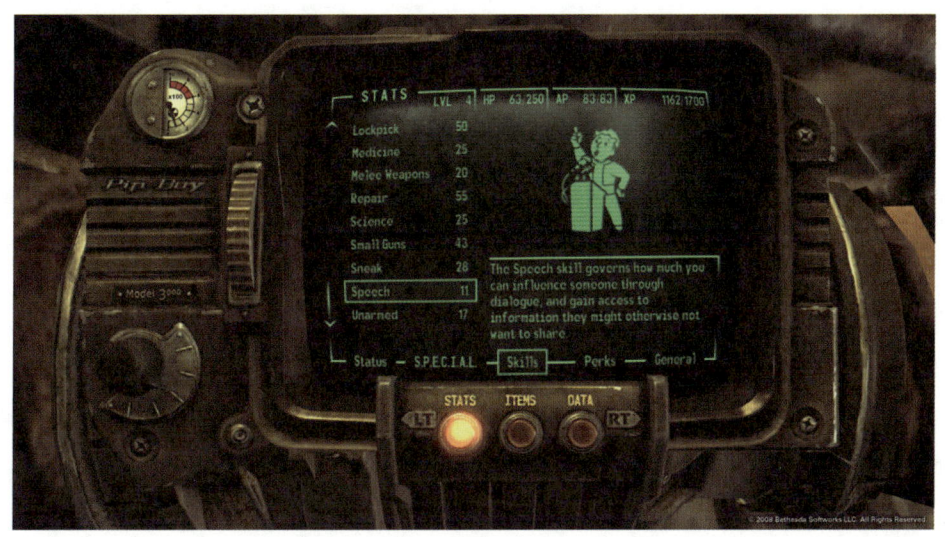

图 2-18 《辐射 3》pip-boy 道具

通形象也是美国 50 年代风格的经典漫画形象。

废土世界的场景也是《辐射 3》中重要的视觉中心，游戏中的场景是根据美国东海岸的真实地形制作的，只是在核战争过后这里已经面目全非。人类制造的核武器毁灭了人类建造的文明社会，这样的环境设计充分讽刺了科技带给人类社会的威胁与不利。白宫、英雄纪念碑、华盛顿老城独特地破坏性设计也很容易勾起玩家对于旧时经典社会文化环境的怀念，产生很强的共鸣和漫游探索兴趣，同时这些美国政治中心建筑的毁灭与破坏也充分表达了设计师对于当下某些美国政治现象的抨击和讽刺。

角色是这个游戏作品中最重要的视觉中心，图 2-19 中展现给大家的是主角的一套盔甲和武器，看起来敦实厚重、简洁合理，与世界环境很好地融合在一起，存在感很强。头盔的设计与第二次世界大战中德军所使用的防御头盔的整体造型相似，具有很强的历史感，非常符合游戏旧文化复兴的创意理念。头盔上的呼吸软管、照明灯，固定用的搭扣，肩膀上可以悬挂用的孔洞等细节设计让人们觉得这身装备的合理性、实用感很强。游戏中玩家可供选择的武器装备多种多样，这些设计不但丰富了游戏内容，也使得角色这个视觉中心时常能够变

图 2-19 《辐射 3》宣传图

化避免长期审美疲劳的出现。

通过上面的分析可以看到，优秀的游戏视觉中心设计可以引起玩家对游戏作品的兴趣或者增强兴趣，通过增强游戏视觉上的感染力、创造极富张力的视觉内容，可以促进玩家与游戏设计师之间产生思想共鸣、更好地让玩家体会世界观并理解游戏思想内涵，从而增强游戏性。把握视觉中心设计，必须赋予视觉中心元素一定的游戏主题思想和文化内涵，使各个元素优化地组合，把握重点并处理好主次关系，从而最大程度地提升游戏画面的吸引力、突出艺术个性，以通过视觉内容全面提升游戏性。

2.4.3 视觉中心的动态创意

游戏不是静止的影像，它的画面是随着与玩家的互动而不断发生变化的。要关注的不仅仅是视觉中心本身的设计，更进一步的是需要注意视觉中心本身的运动变化以及玩家的视点从一个视觉中心到另一个视觉中心的移动。

（1）视觉中心的运动与变化。

首先，来看一看视觉中心元素本身的运动与改变，这个概念与电影中演员本身的表情表演和肢体语言表演类似，而与电影不同的是，游戏中这些运动与变化是直接受玩家所控制的。玩家通过简单的操作就可以让游戏中的角色奔跑、跳跃、打倒敌人，可以破坏场景、环境，可以破解重要谜题、关卡。动画是让虚拟角色获得生命的方式，角色的个性也能从动作中突显出来。玩家通过操纵指令与角色构建起来的互动的强弱的程度在很大程度上也取决于角色这个视觉中心元素本身的动作的流畅和漂亮程度。视觉中心元素本身的运动是游戏设计者格外需要注意的，具有漂亮动作、运动状态、能以最佳形式运动变化的视觉元素的中心地位往往更加突出，优秀的动作元素也能提升游戏的操纵感并借此加强玩家与游戏的互动感，从而进一步提升游戏性。

角色动作的突显与夸张可以《波斯王子》为例。前面在分析视觉位置的突出时，曾经介绍过这款通过对比色突出角色视觉位置的游戏。不仅仅因其独特的美术风格和画面效果，《波斯王子》系列还拥有个性突出的动作设计和极佳的游戏操控感，动作元素的优秀表现使得《波斯王子》一直保持着动作类游戏大作的地位。

游戏中的主角能做出许多不可思议的动作，在屋顶和各种障碍间跳跃、沿墙壁行走滑行、攀爬峭壁。游戏中的打斗场面也十分精彩，玩家可控制主角使用各种不同的武器攻击敌人，每种武器都有各自不同的招式。所有的这些动画都可以通过玩家的操控流畅地衔接在一起，游戏中动作元素的精彩程度丝毫不亚于动作电影。在有些关卡中玩家需要控制主角在一定时间内逃离崩塌的建筑脱离危险，这些许许多多地动作关卡的设定充分调动了玩家的紧张感、加强了玩家与角色之间的动作联系，在操控主角完成这些动作的同时玩家也能收获满足感与成就感。

（2）玩家视点的运动。

视点，即视觉感官在视觉中心的集中点。与看电影时观众的视点会随着镜头剪切而发生移动一样，游戏玩家的视点从一个视觉中心到另一个视觉中心的移动是随着游戏的进行和发展必然会发生的动作，这个动作的快慢直接关系到整个游戏节奏的快慢，是影响玩家对游戏兴趣的重要因素，所以这也是对运动分析的重点。

对于不同类型的游戏，在策划和设计的时候需要具体问题具体分析。有些节奏快的游戏比如动作类，需要制造一些情节让玩家的视点运动加快。而对于那些慢节奏的游戏，比如益智类游戏则不需要那么快的速度。

快节奏视点运动的典型案例是《魔兽争霸》，这是一款非常著名的即时战略游戏，因其极佳的平衡性、快节奏和极高的 APM（Actions Per Minute 每分钟的操作次数）操作需求，而成为电子竞技的比赛项目之一。游戏中战场形式变化是非迅速剧烈的，玩家的视点会在不同单位、不同技能按钮、不同地图位置之间发生非常快的移动，技术高超的比赛选手通过快节奏的操作能瞬间扭转战局取得胜利。

《魔兽争霸》的游戏设计师在视觉中心动态设计上引入了重要理念：通过让玩家不断练习而跟上游戏节奏或者创造更快的游戏节奏而保持游戏的持久吸引力和竞技性，《魔兽争霸》在这方面十分成功，这款游戏自发布至今已经过去了十年却仍然拥有大量玩家。

节奏多变视点运动的典型案例是《刺客信条》，这是一款次世代动作类角色扮演游戏的代表作，玩家在游戏中扮演一名通过刺杀阴谋家、恶徒来伸张正义的杀手。游戏的自由度很高，游戏的中的 NPC（Non Player Character 非玩家控制角色）会根据玩家不同的动作做出不同的反应。

游戏的整体节奏是适中的叙事节奏，但在许多刺杀任务中游戏会陷入一片混乱，游戏的节奏也会随着混乱的发生而迅速加快：平民 NPC 看见玩家的攻击动作会四散奔逃，同时也会有追兵对玩家进行围剿。在这样的情况下，玩家必须马上适应激增的节奏速度逃离人群和士兵的追捕到达安全的地点，玩家的视点会随着多变的节奏在许许多多的视觉中心元素之间移动，这样的设计极大程度地增强了游戏的代入感、真实感以及玩家与游戏的互动关系，同时游戏的节奏根据玩家的具体动作发生变化，也丰富了游戏的玩法，如图 2-20 所示。

图 2-20 《刺客信条》游戏截图

游戏美术设计

　　再以一个简单的游戏为例。在游戏发展的早期,设计师们就已在俄罗斯方块这个游戏上对视点运动节奏的把握做出了有效的尝试。随着方块下落速度的加快,玩家视点的移动也随之加快,游戏的节奏与难度也是通过这种方式得以增加,最终的结果是增加了游戏的趣味性与可玩性。把握视觉中心的运动变化的适当速度和合理状态就能够营造游戏的代入感,进一步增强游戏的互动性,从而进一步增强整体的游戏性。

3

第 3 章 数字绘画基础

3.1 常用软件与手写板

3.1.1 常用的数字绘画软件

(1) Photoshop。

Adobe Photoshop，简称"PS"，是由美国 Adobe Systems 开发和发行的图像处理软件。Photoshop 主要处理以像素所构成的数字图像。使用其众多的编修与绘图工具，可以有效地进行图片编辑工作。PS 有很多功能，在图像、图形、文字、视频、出版等各方面都有涉及。在数字绘画方面表现出色，便捷的图层工具、画笔工具、涂抹工具、调色、蒙版等功能为艺术创作提供了强大的帮助。与传统纸面、布面的绘画创作相比，使用 PS 进行数字绘画创作更有效率，并且也更符合美术设计的工作思维和特点。

本教材讲解数字绘画内容时使用的主要是 Photoshop。

(2) Painter。

Painter，中文意"画家"，由加拿大著名的图形图像类软件开发公司研发。与 Photoshop 相似，Painter 也是处理像素图像的图形处理软件。Painter 在传统绘画模拟方面极为出色，上百种绘画工具让其他同类型软件黯然失色。Painter 软件为多种笔刷提供了自定义样式、不同压感以及纸张穿透能力，并且模拟了调色盘混色配色的功能，借此把数字绘画提到了一个新的高度。

(3) SAI。

SAI，全称 Easy Paint Tool SAI，是由日本 SYSTEMAX 公司销售的一款绘图软件。这款专门用于绘图的软件简洁易用，在勾线、防抖动、旋转画布等功能模块甚至比前面两款软件更加出色。并且软件只有 3M 左右的大小，无需安装，现在越来越受到年轻画师的青睐。

3.1.2 数位板

数位板通常由一块板子和一支压感笔组成，就像画家使用的画板和画笔，只不过它们不是木头做的，而是精密的计算机输入设备，与键盘、鼠标类似。如果没有数位板，那数字绘画创作是很不方便的，因为鼠标与键盘输入是机械而单调的，电脑无法感应作画者用笔的轻重，线条也不会有粗细轻重，画面很难达到流畅的效果，所以数位板的出现便解决了这些问题，成为鼠标和键盘等输入工具的有益补充。它的应用范围也在不断扩大，从二维数字绘画开始向三维绘图、三维数字雕刻等方向不断拓展。

世界上最大的数位板生产厂商是日本 WACOM 公司，成立于 1983 年。发展至今，WACOM 的数位板产品已经风靡全球，被广泛地应用于创作那些最激动人心的数字艺术、电影、特技、时装和设计，如图 3-1～图 3-3 所示。

图 3-1 WACOM 影拓 4 代

第 3 章 数字绘画基础

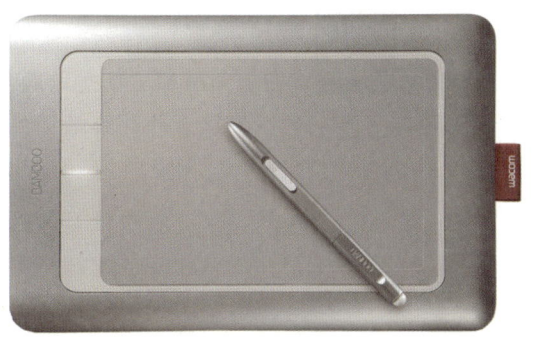

图 3-2 WACOM Bamboo

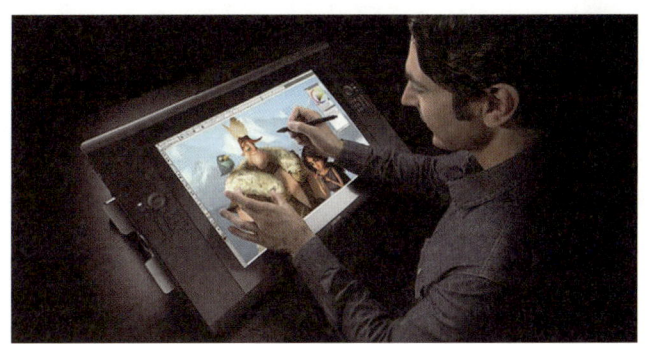

图 3-3 WACOM 新帝数位屏

3.2 Photoshop 数字绘画常用工具

3.2.1 画笔工具

Photoshop 的画笔工具是数字绘画中最常使用的工具。画笔工具的快捷键默认是"B"。可以用"["和"]"快捷键来控制画笔的大小。

选择画笔工具时，PS 界面的左上角，如图 3-4 所示。

图 3-4 PS 画笔工具栏

不透明度旁边的按钮 按下时，数位板压感可以控制画笔的不透明度的变化。可以拖动 滑块来控制每笔的最大不透明度。

选择默认画笔，未用压感控制不透明度时，画出的线条，如图 3-5 所示。

而按下压感控制不透明度按钮时，就可以控制线条的透明度了，如图 3-6 所示。

图 3-5 透明度没有变化的线条　　　　　　图 3-6 透明度有变化的线条

流量旁边的按钮 按下时，数位板的压感可以控制画笔的粗细变化。

未打开压感控制画笔粗细时得到的线条效果，如图 3-7 所示。

打开之后的效果，如图 3-8 所示。

图 3-7 无笔压的线条　　　　　　　　　　图 3-8 有笔压的线条

49

在 Photoshop 中画笔与颜色是分开选取的,画笔的颜色可以在工具栏的 ![图标] 按钮上为画笔工具选取颜色,默认颜色是黑与白。上面的方块是前景色,后面的方块是后景色,前景色与后景色的区别以及作用在后面的章节中会具体讲解。

3.2.2 丰富画笔资源

(1) 添加新画笔。

选择画笔横截面边上的 ![图标] 下拉菜单,可以选择各种不同的画笔进行数字绘画。但是 PS 软件默认的画笔种类是有限的,有时不足以满足创作需求,这时就需要自己丰富画笔资源。

选择画笔下拉菜单右上角的小齿轮,可以找到一系列关于画笔管理的选项。如图 3-9 所示,选择"替换画笔"工具,然后制定教材光盘中附赠的画笔"RCbrush",就可以把做好的一套常用画笔加入 PS 中,替换掉软件默认的笔刷。

这一套笔刷能完成许多丰富的笔触效果,如图 3-10 所示。

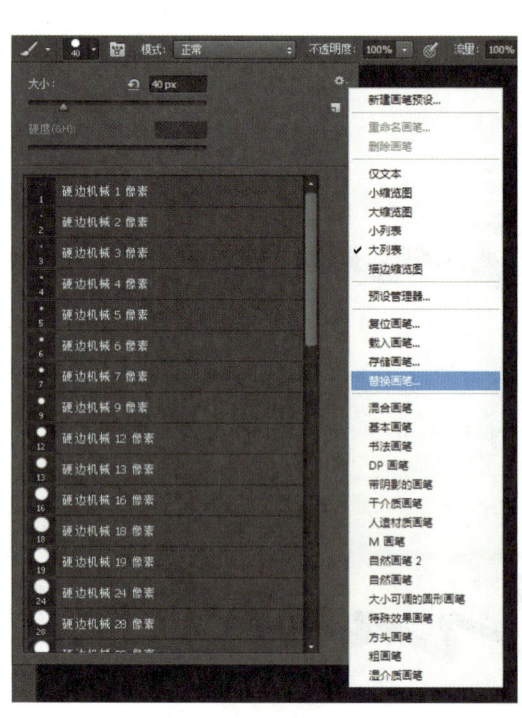

图 3-9 画笔工具栏

图 3-10 画笔效果

（2）画笔细节调整。

每种画笔都可以进行细节的调整以实现不同的效果，方法是使用"画笔"窗口，如图3-11所示。

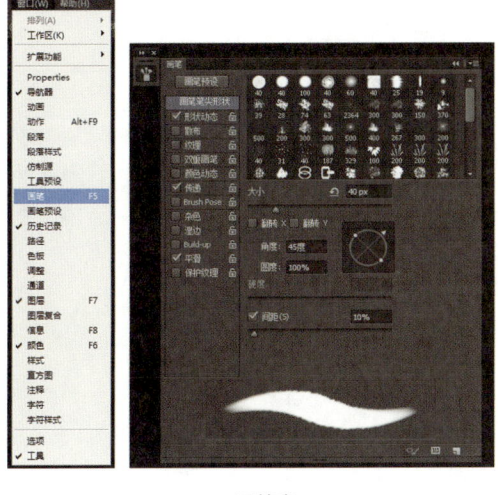
(a) 画笔窗口

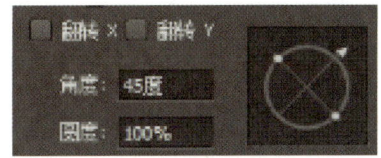
(b) 控制笔刷朝向的设置

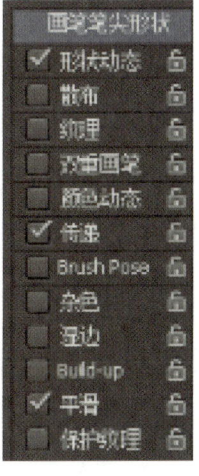
(c) 控制笔刷的形状以及颜色细节的选项

图3-11 画笔工具窗口

3.2.3 自定义画笔工具

PS中的画笔图像非常像是真实世界中画笔的横截面，所以其实我们可以根据自己的需要和喜好制作自己的画笔。

下面讲述一个粗糙质感画笔的制作过程。

1) 搜集一张纸纹理的照片素材，如图3-12所示。

图3-12 照片素材

2) 去色（Ctrl＋Shift＋U）。

3) 用曲线工具调整一下对比度，如图3-13所示。

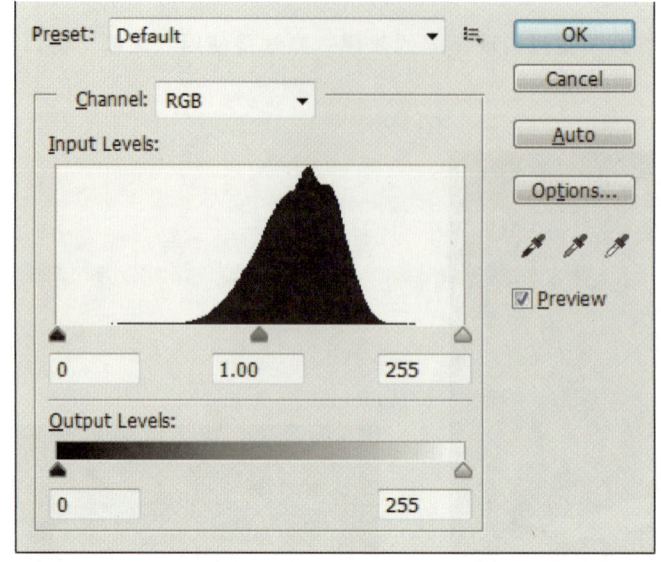

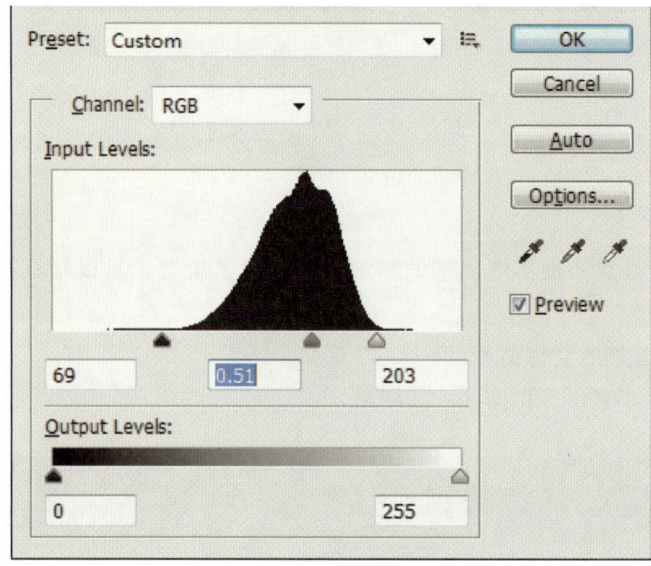

图 3-13　用曲线工具调整数值

之后，得到图 3-14 所示的素材图。

图 3-14　调整后的照片素材

4) 用裁剪工具保留素材中间的部分，如图 3-15 所示。
5) 使用反相工具，如图 3-16 所示。

图 3-15　裁剪后的照片素材　　　　　　　图 3-16　反相后的照片素材

6) 继续用色阶或者亮度对比度工具调整素材，如图 3-17 所示。
7) 用柔角画笔遮住边界得到完整的画笔截面，如图 3-18 所示。

图 3-17　调整后的素材　　　　　　　　　图 3-18　完成画笔

8) 拼合图像，使图片合并成背景图层，保证画笔预设选择的范围是想要的画笔范围，如图 3-19 所示。

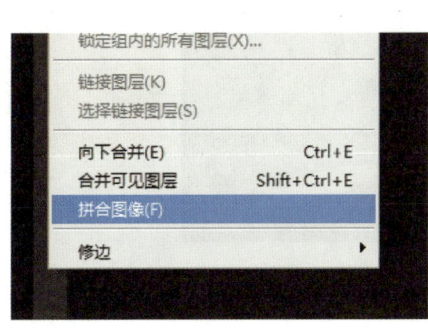

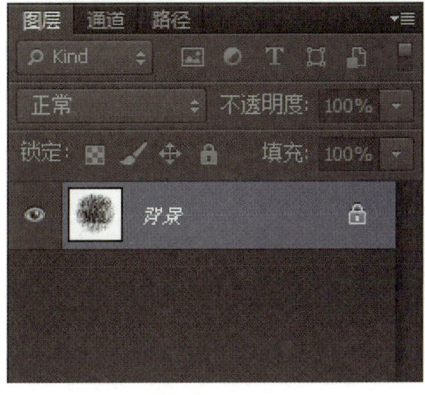

图 3-19　拼合图层

9) 定义画笔预设，弹出对话框，输入画笔名称，如图 3-20 和图 3-21 所示。

游戏美术设计

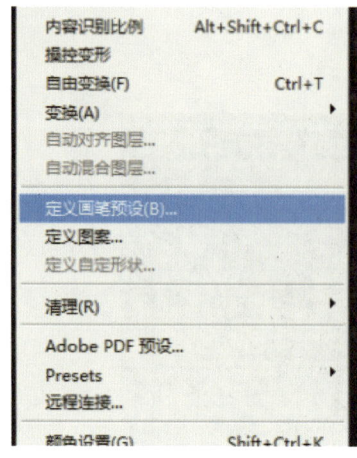

图 3-20 预设笔刷

图 3-21 完成效果图

通过调节画笔窗口的属性，可以得到各种丰富效果。还可以把某些调整完成的预设单独存储成一个画笔工具，如图 3-22 所示。

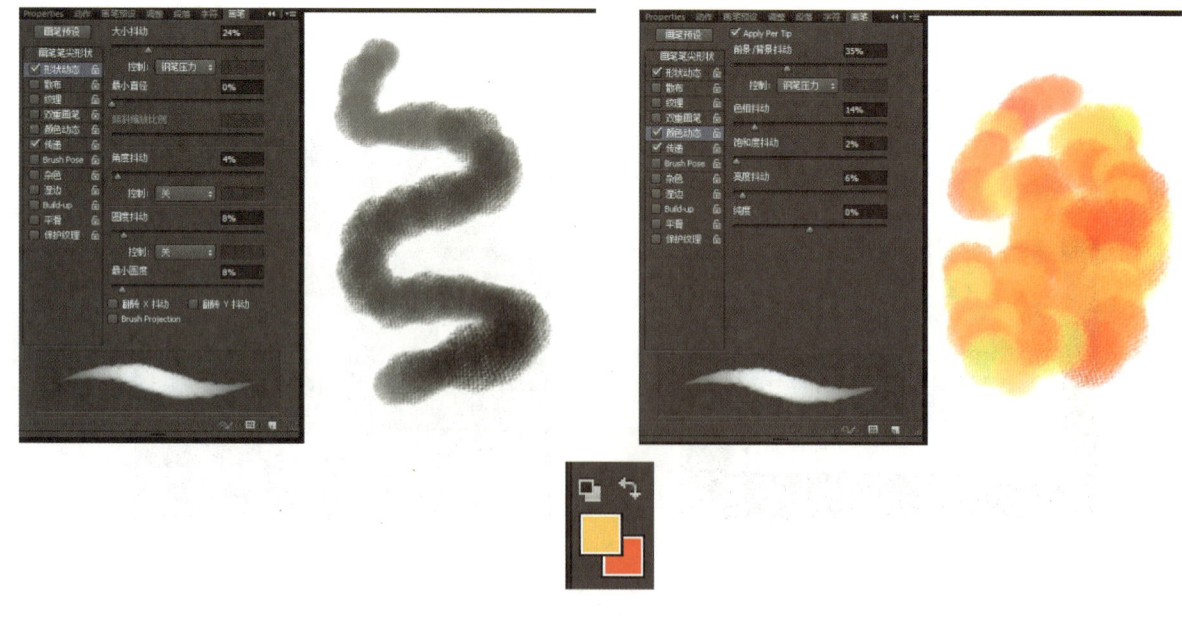

图 3-22 自制画笔效果

3.2.4 橡皮工具

使用橡皮工具可以擦除任何未被锁定的像素，它比起纸面上的传统工具更具效率。橡皮工具的快捷键默认是"E"，也可以用"["和"]"快捷键来控制橡皮的大小。

它的设置与原理同画笔工具基本一致，只不过一个是上色一个是去色。所以在这里不做详细讲解。

3.2.5 套索工具

套索工具可以快速建立一个选区，可以方便地在选区内进行继续编辑。这也是用 Photoshop 进行数字绘画创作中常用的一个工具。套索工具的快捷键是"L"，在工具栏中长按 "套索工具"的按钮会弹出它的子菜单，可以看到三种套索工具。这三种工具分别是：套索工具——自由式的选择工具；多边形套索工具——用直线连接的选择工具；磁性套索工具——能够自动吸附轮廓的选择工具。

套索工具相对来说最常用一些，使用它在新建的白色画布上框选一个范围。接着可以在这个范围里面填充一个颜色。单击前景色，在拾色器中为它选择一个红色，如图 3-23 所示。

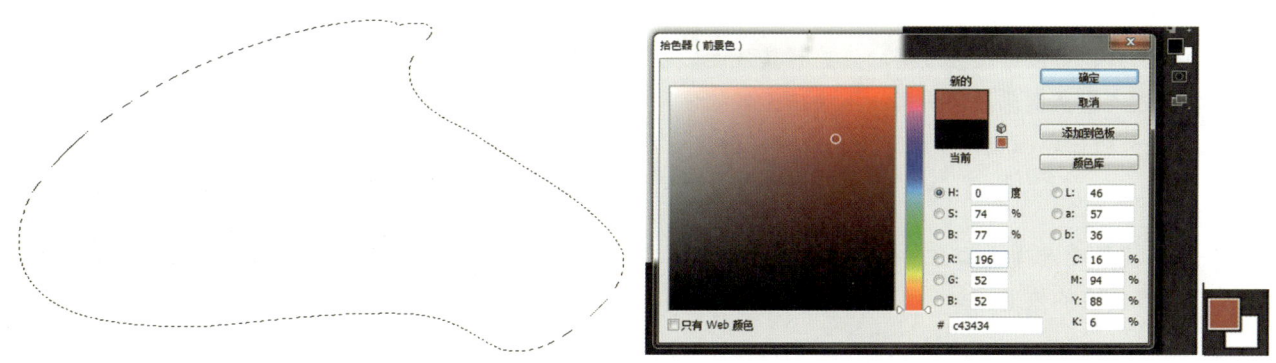

图 3-23 使用套索工具并在拾色器中选取颜色

然后执行"填充前景色命令"（快捷键是 Alt+Backspace），这时，之前选择的范围就被填充成了刚刚在拾色器中选择的红色，如图 3-24 所示。

再执行"取消选择"命令（快捷键是 Ctrl+D），这时选区就被取消掉了。套索工具的其他两种在后面的具体创作中会涉及，在此大家只要明白它的工作原理即可。

3.2.6 涂抹工具

涂抹工具是 Photoshop 在数字绘画方面非常强大的一个工具，它的功能类似油画中使用的调色刀，可以在画面中涂抹来制造一些柔和的过渡效果。涂抹工具在 PS 中没有默认的快捷键，但是可以对它设置一个快捷键以方便使用。

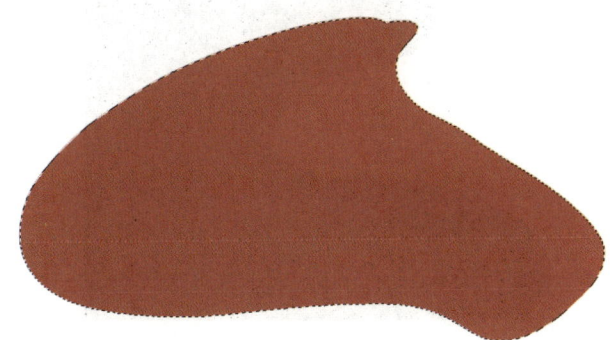

图 3-24 在选区中填充红色

在编辑菜单中打开"键盘快捷键"对话框,如图3-25和图3-26所示。

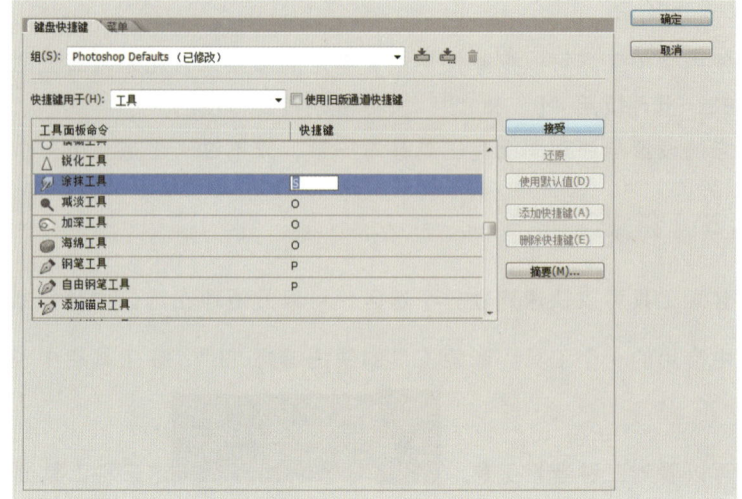

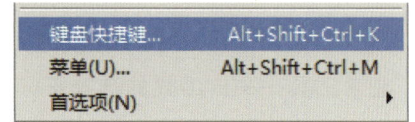

图3-25 编辑菜单　　　　　　　　　　　　图3-26 键盘快捷键

"快捷键"用于下拉菜单中选择"工具",然后找到"涂抹工具"并且设置快捷键为"S"。涂抹工具和画笔工具、橡皮工具一样也可以用"["和"]"快捷键来控制大小。与画笔工具类似,涂抹工具也可以通过强度滑块来控制其强度,以及按钮来开关压感对笔触大小的控制。

下面通过一组实例来具体讲解一下涂抹工具的使用。

1)新建一张白色画布,用套索工具填充一块黑色区域,如图3-27所示。

2)涂抹工具中选择"柔边涂抹"画笔,在黑白颜色交接处进行涂抹。可以实现图3-28的效果。

图3-27 用黑色填充套索区域　　　　　　　　图3-28 涂抹效果

3)当然也可以选择别的画笔作为涂抹笔刷,比如前面制作完成的纸纹理画笔,但是在使用时一定要记得在画笔窗口中勾选"散布",并且调整散布百分比至20%以上,数量也要减少到1,如图3-29所示。

通过涂抹可得到带有纸纹理质感的颜色过渡,如图3-30所示。

第 3 章 数字绘画基础

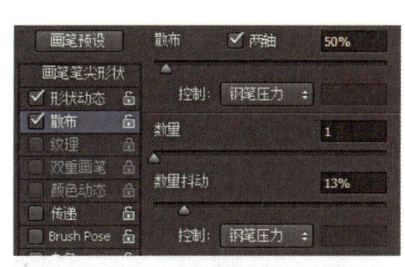

图 3-29 画笔窗口

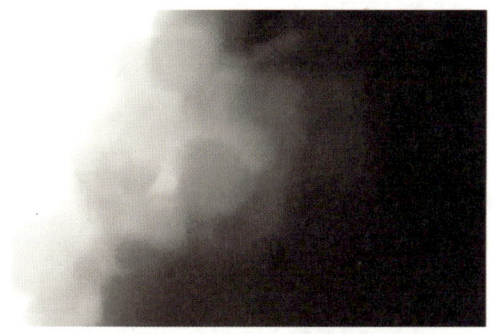

图 3-30 纸纹理质感

4) 选择云雾涂抹笔刷  。可以把颜色涂抹出像云雾的效果，如图 3-31 所示。

3.2.7 自定义涂抹笔刷

与自定义画笔工具类似，也可以在 Photoshop 中制作特殊的涂抹笔刷以完成数字绘画创作中的特殊需要。

下面来制作一个竹叶的涂抹笔刷：

1) 首先选择，并且处理一个竹叶素材图片，如图 3-32 所示。

2) 把处理好的黑白图片存成笔刷，并在涂抹工具下选择它。在画笔窗口中设置笔刷的属性，如图 3-33 和图 3-34 所示。就可制造出如竹叶般的涂抹效果了。

图 3-31 增加云雾效果

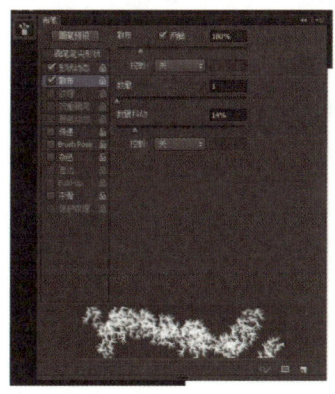

图 3-32 竹叶素材

图 3-33 竹叶笔刷 1

图 3-34 竹叶笔刷 2

3.2.8 渐变工具

渐变工具可以快速制造出两种颜色的均匀过渡效果，它的快捷键是"G"，在工具栏中长按 ，就可以打开它的子窗口  ，选择到渐变工具。

可以使用常规的渐变工具制造均匀的颜色渐变，如图 3-35 所示。

用处更大的是渐变下拉菜单中的第二种"前景色到透明度渐变"，如图 3-36 所示。

可以选择渐变工具的形状  ，来拉出想要的形状。

图 3-35 渐变效果

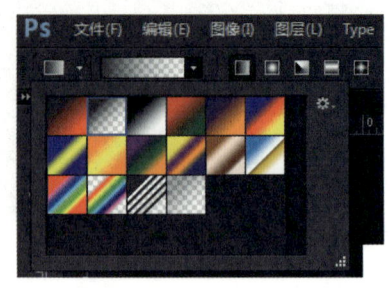

图 3-36 渐变菜单

可以通过透明度滑块来控制渐变工具的透明度 ![不透明度:100%]。

再配合前面介绍的选区工具，就可以进行深入的控制得到下面的效果。渐变工具在 PS 数字绘画中可以快速实现很多效果，在后面的具体创作例子中会做详细介绍，如图 3-37 所示。

3.2.9 工具叠加效果

前面介绍的画笔工具、渐变工具在模式下拉菜单中有多种不同的叠加效果，这些与下一节即将讲解的图层效果类似。可以通过选择不同的工具模式实现不同的效果，大家可以多尝试，如图 3-38 所示。

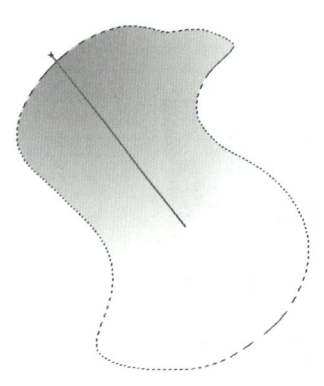

图 3-37 前景色到透明度渐变效果

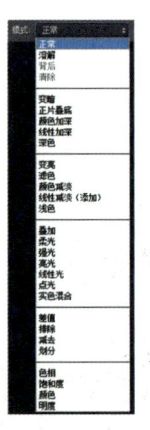

图 3-38 模式菜单

比较常用的模式有以下几种。

1) 正常：无混色、叠加的正常模式，线性覆盖式的画法。
2) 正片叠底：画笔颜色会不断叠加变深，常用于加重暗部。
3) 颜色减淡：画笔颜色会不断提亮，常用于最后绘制高光。
4) 叠加：颜色饱和度会混合并且增强，常用于丰富色调。

3.3 Photoshop 数字绘画图层与调色

3.3.1 图层基本功能

在数字绘画创作时灵活合理使用图层能够达到事半功倍的效果，但是如果图层管理不合理却会大大降低工作效率与绘画体验。因此有些人并不喜爱使用图层，而是采用传统绘画的单层形式进行创作。使用或不使用图层依个人情况而定，只要选择自己最适合和最熟悉的工作方式进行创作就可以。

"图层"面板在PS界面中处于默认打开状态，也可以在屏幕最上条的"窗口"菜单中找到它，如图3-39所示。

绝大多数情况下新建的PS图像默认都是白色背景，并且只有一个背景图层。可以双击背景图层，创建"图层0"。

点击图层面板下方的 按钮，可以创建新的图层。处于上方的图层会遮挡住下方的图层内容，如图3-40所示。

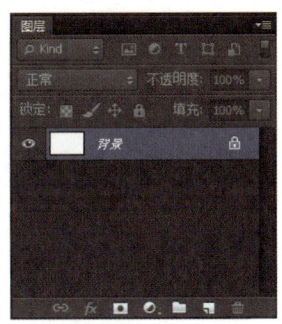
图3-39　图层窗口

图3-40　建新图层

在新建的"图层1"或者"图层2"上进行作画并不会影响白背景也就是"图层0"，或者其他的图层。修改起来也只要选择相对应的图层即可，非常方便。

图层基本功能与操作如下。

1) 不透明度 100% 通过不透明度滑块来控制每个图层的不透明度。

2) 点击图层前面的 图标可以显示和隐藏图层。

3) 按住"Alt"键并且点击某个图层前面的 图标就可以仅显示这一层，隐藏所有其他图层。

4) 选中图层，拖动鼠标可以改变图层的顺序。

5) 选中若干图层，将其拖至 图标处可以将选中的图层打组。

6) 选中图层按"Delete"键可以删除。

7) 锁定： 点击 按钮，可以锁定每个图层的像素范围。这一功能在角色设计分图层的上色方式中非常实用，可以在不破坏轮廓的情况下深入上色。

8) 点击 按钮可以将图层完全锁定，变成无法编辑的状态。

3.3.2　图层效果

图层效果选项与画笔工具的模式类似。画笔的模式选项是在每一个新步骤都会对之前的画面产生效果，而图层效果则是当前图层对下方图层产生效果，如图3-41所示。

下面介绍几种数字绘画常用的效果。

1) 正常：无混色、叠加的正常模式，当前图层遮住下方图层的线性覆盖。

2) 正片叠底：上层对下层进行加深的效果。

3）颜色减淡：上层对下层进行提亮的效果。

4）叠加：上层的颜色、饱和度、亮度都会对下层产生影响。

5）柔光：类似叠加但是更柔和的效果。

3.3.3 调整图层

点击 按钮，会弹出调整图层的对话框，可以选择建立新的调整图层来调整图像的"亮度/对比度""色阶""色相/饱和度"等效果。调整图层的这些效果以及功能都可以在 PS 的"图像"菜单中找到，如图 3-42 所示。

图 3-41 图层效果选项

图 3-42 图层属性菜单

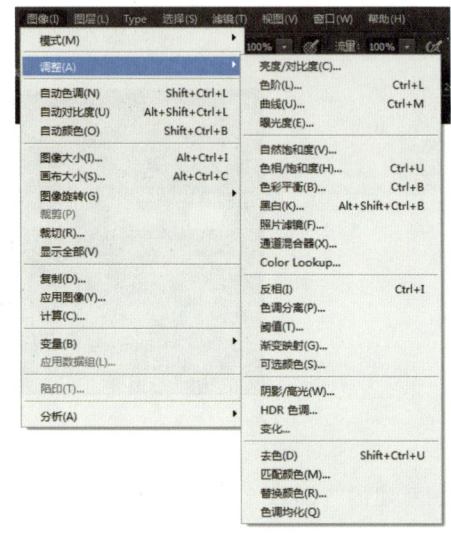
图 3-43 图像调整菜单

实用调整图层的好处是建立的调色功能是一个图层的形式，而不是一个命令，这样可以随时选中这个图层进行修改，而不是像执行一次命令一样不可逆，如图 3-43 所示。

如图 3-44 所示，双击调整图层的 按钮便可以打开调整图层的面板，可以随时对其进行调整和修改。

调整图层默认是对所有在其下方的图层产生效果的，也可以进行设定让它只对某个特定图层产生作用，如图 3-45 所示。

图 3-44 调整图层1

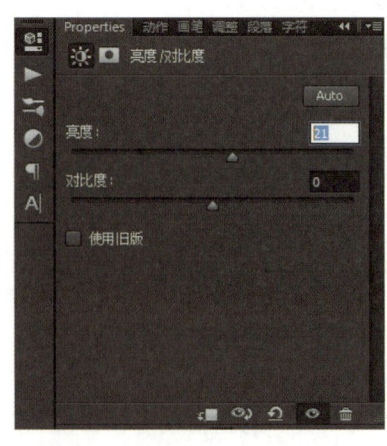
图 3-45 调整图层2

如图3-46和图3-47所示，将鼠标移动至调整图层和想要调整的特定目标图层中间，按住"Alt"键单击鼠标左键，调整图层便会链接至目标图层上，也意味着"亮度对比度1"效果只对"图层3"产生作用。

图3-46 调整图层3　　　　　　　　　　　　图3-47 调整图层4

这一方法同样适用于其他功能的实用以及效果的实现，比如前面讲的图层效果。

3.3.4 图层蒙版

如图3-48所示，建立调整图层时会发现调整图层上有一块白色区域，这其实就是图层蒙版。图层蒙版可以理解为在特定图层上加入的一块用黑白图记录下来的选区，可以通过编辑这张黑白图来控制选区的范围、边缘的虚实等。这个概念理解起来比较抽象，下面通过一个实例来讲解。

图3-48 调整图层5

1) 建立图层蒙版。

选中一个图层，点击 按钮就可以创建图层蒙版。

按住"Alt"键单击图层蒙版就可以进入蒙版的图像内，默认新建的图层蒙版是一张全白的图片，它代表着所有的范围都显示出来。

图层蒙版白色代表可显示范围，黑色代表的是隐藏范围。

2) 给妖狐角色添加一个柔化的过渡边。

图3-49是一个角色的创作，旁边是这张PSD图片的图层。"line"是线，"图层0"是灰色的底。

选中"line"进行复制，然后对复制出来的图层执行"高斯模糊滤镜"，得到这样的效果，如图3-50所示。

 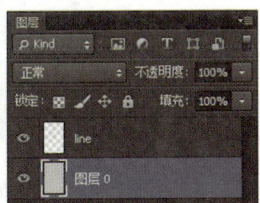　　　　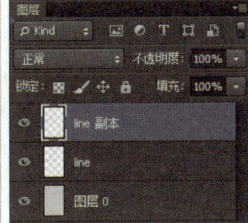

　　　　图3-49 步骤一　　　　　　　　　　　　　　图3-50 步骤二

可以看到角色的轮廓线周围出现了一层柔和的阴影。但是这层阴影只想让它出现在角色身体的内部。最简单的办法是用橡皮工具把外面的像素擦除，但是这里告诉大家使用图层蒙版也可以实现这个效果。

3）使用选取为轮廓阴影创建蒙版。

用魔棒选择工具选中角色身体外面的范围，然后选择轮廓线阴影的"line 副本"图层，建立图层蒙版，如图 3-51 所示。

观察一下图层的缩略图，发现已经按照前面的选取创建出了图层蒙版。按住"Alt"键单击蒙版的缩略图进入蒙版，看到这样的黑白图像，如图 3-52 所示。

图 3-51 步骤三

图 3-52 步骤四

前面说过，在图层蒙版中白色代表显示，黑色代表的是隐藏。所以这样的效果是不正确的。再次按住"Alt"键单击蒙版缩略图，可以退出蒙版观察。

角色轮廓线的阴影只显示了身体外的部分。需要把蒙版的黑白色颠倒过来才能实现想要的效果。

4）反向蒙版的黑白关系。

选中蒙版，执行"反向"命令（Ctrl+I）。

这时才得到了想要的效果，如图 3-53 和图 3-54 所示。

图 3-53 步骤五

图 3-54 步骤六

图层蒙版的使用得当能够在数字绘画创作中大大地提高效率。

游戏美术设计

第4章 游戏角色设计

4.1 游戏角色设计基础

4.1.1 人体比例

(1) 基本比例。

头身比是描述人体基本比例时常用的名词,它表示人头部的长度与身体全长的比例。

现实生活中的东方成人的头身比大约为7~7.5,西方人比东方人要修长一些头身比例往往能达到8,也就是人们常说的"8头身",如图4-1所示。艺术创作上非常推崇8头身的人体美,但在进行角色设计时也未必一定遵循这种固定的审美,比如在设计魁梧夸张的英雄或者较修长的精灵时也可能把头身比定在9。

人在成长中身体比例会发生改变。1岁时的婴儿身体比例大概为4头身,身体的中心大致在肚脐附近。3岁时身体比例约为5头身,中心下移到小腹上。再长到5岁时,身体比例为6头身左右,身体中心继续下移到小腹下侧。最终长到10岁以后时,身体比例就基本与成人一致了,身体的中心在耻骨处。

(2) 头部与面部比例。

绘画中常常会说"三庭五眼",它是评价人脸长与宽的一种标准。"三庭"指脸的长度比例,脸的长度可分为三等分。前额发际线至眉弓,眉弓至鼻子底部,鼻底至下巴底部,各占脸长的三分之一。"五眼"则指人脸的宽度比例,脸宽基本为五个眼睛的长度。两只眼睛之间的距离大约等于一直眼睛的长度,两眼外侧到发际的宽度也大约等于一只眼睛的长度,如图4-2所示。

"三庭五眼"是一种符合大多数人对人脸的审美标准,但是在进行游戏角色创作时要灵活运用这一标准,在符合大众审美的前提下根据实际情况做适当调整。

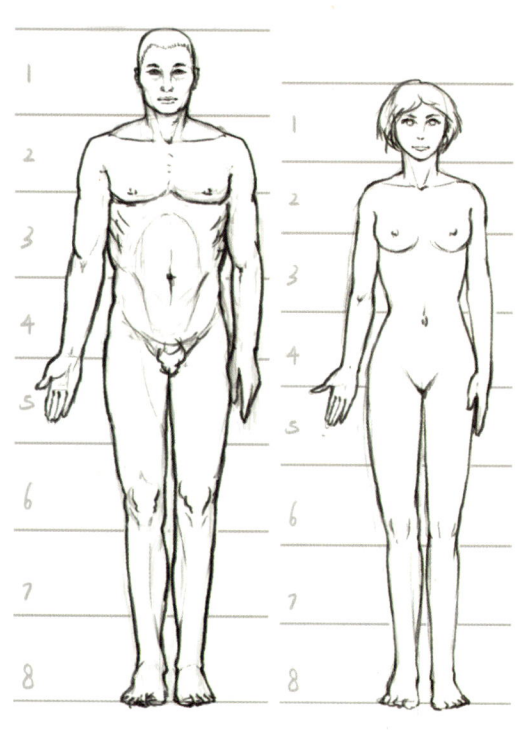

图4-1 人体的基本比例(8头身)

(3) 身体各部分比例。

身体的各部分之间也存在一定比例关系:下颌至乳头约为1头长,乳头至肚脐为1头长,上身的长度约为3头长。男性肩宽约为2头长,女性肩宽比男性略窄。上肢约为3头长,大臂约为1.3头长,小臂为1头长,手约为三分之二头长。下肢约为4头长,大腿为2头,小腿为2头长,脚长约为1头,如图4-3所示。以上所概括的是人体的一个标准比例模板,现实生活中的人在这个基本比例之上也是存在非常多样的个性不同的。把握基本的比例,再加入个性,是有效的创作手法。

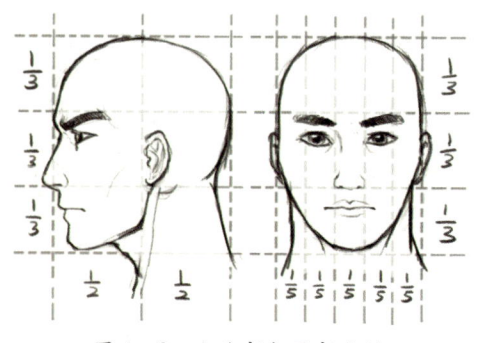

图4-2 人头部与面部比例

64

(4) 卡通角色比例。

卡通人物的头身比比较夸张，一般在3头身至5头身之间变化，如图4-4所示。

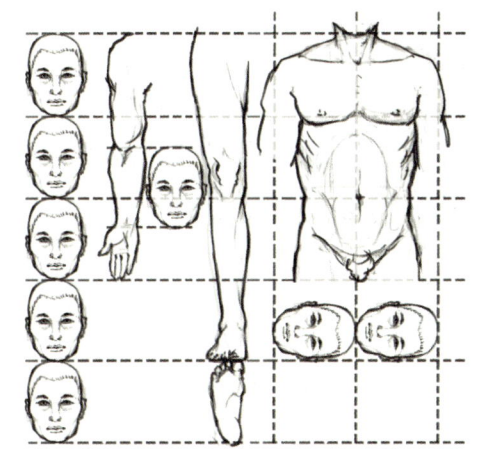

图4-3 人体各部位比例关系

图4-4 卡通人物比例

4.1.2 骨骼与肌肉

(1) 骨骼结构。

人体骨骼共有206块，要求画家或者设计师去记忆所有的骨骼是非常复杂的事情，也没有必要像外科医生一样记忆每块骨骼的连接与确切名称。但是对于形体结构、造型设计影响重要的骨骼、骨点，一定要熟练记忆。抓住它们的造型、结构、与连接关系，图4-5中为大家标出红色的骨骼需要特别关注，熟练记忆。

(2) 肌肉结构。

人体的肌肉组成比骨骼更复杂，在学习和记忆肌肉结构时，一般会按照造型与解剖特征将人体肌肉划分为若干肌群。通过绘画描绘，熟练记忆这些肌群的形状、特点、穿插关系、比例关系、运动关系，以服务于角色设计，如图4-6～图4-9所示。

4.1.3 人物动态

动态是人物设计的重要内容，动态自然的角色形象才能真正"活"起来，人体的美感也需要通过优美的动态才能完全展现出来。处理人物动态时，需要注意两个主要概念。

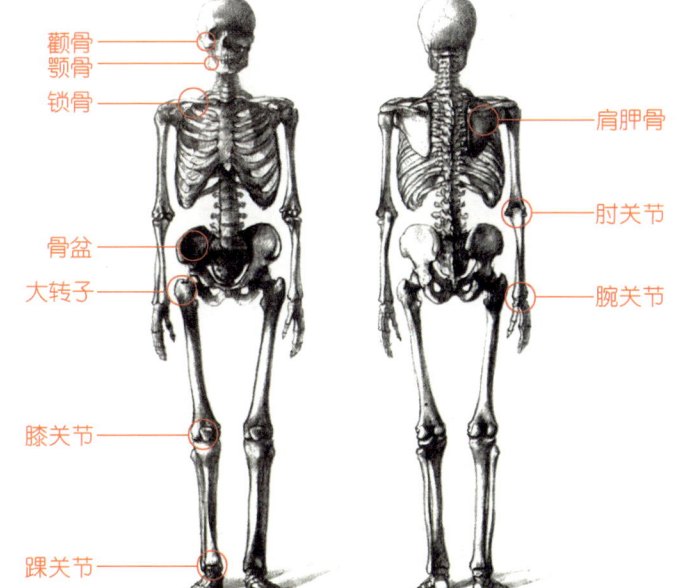

图4-5 人体骨骼结构

(1) 重心。

重心是物体所受重力的合力作用点。一般情况下，站立人体的重心位于骨盆的中央。经过重心，向地心方向的连线称为重心线。对于站立于水平平面的人体，重心线一般就是重心与支点的连线。准确把握重心与重心线的位置，就能自然地抓住人物的动态，如图4-10所示。

游戏美术设计

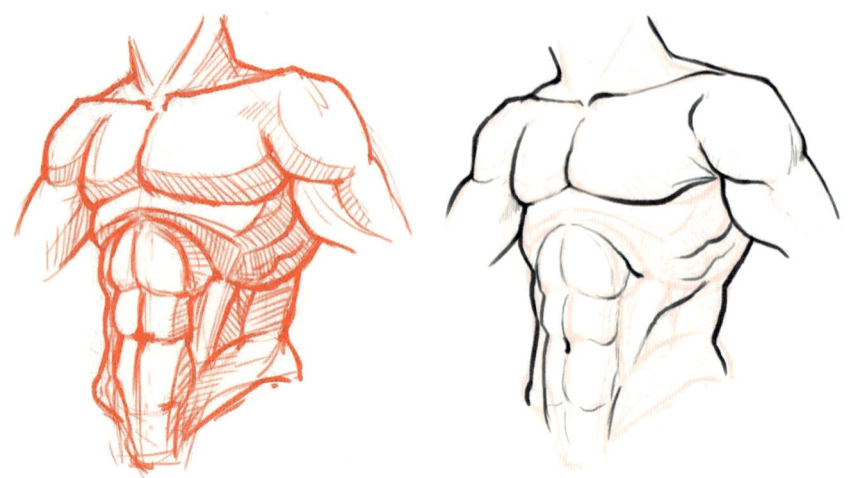

图 4-6 躯干肌肉正面（块面分解与形态描绘）

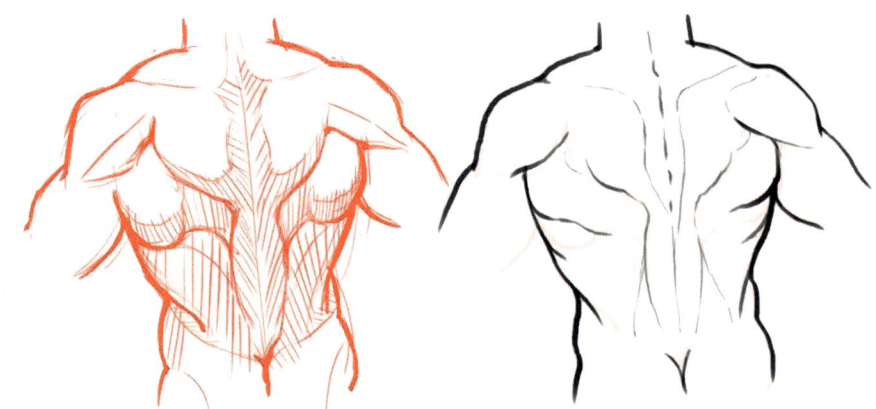

图 4-7 躯干肌肉背面（块面分解与形态描绘）

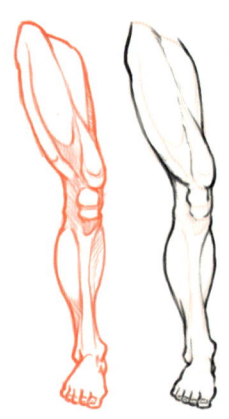

图 4-8 躯干肌肉背面（块面分解与形态描绘）

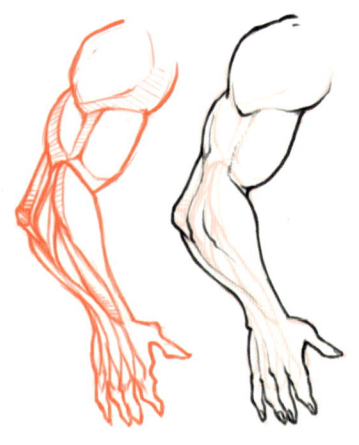

图 4-9 手臂肌肉背面（块面分解与形态描绘）

图 4-10 人物动作的重心与重心线

(2) 动势。

人物动作的趋势就是动势,巧妙设计人物的动势,能够让人体更加生动、灵活、充满动感与活力。掌握动势最好方法就是进行人物速写训练。通过以线条为主的速写绘画,可以训练眼睛对动势的捕捉力,以及对运动中人体的理解力,如图 4-11 所示。

图 4-11 人物动态速写

4.2 游戏角色设计概论

成为一名优秀的游戏角色设计师需要有扎实的绘画功底,能够熟练掌握 4.1 部分所讲解的美术造型知识与人体解剖知识,并且熟悉人物的动态表现。掌握这样的能力需要长期专业训练,传统的素描、速写、色彩人像练习对提升美术造型能力有很大帮助，使用数字绘画工具进行造型训练也可以实现同样的目标同时也可以锻炼数位板与绘画软件的熟悉度。大家可以充分结合传统美术训练与数字绘画来提升手上功夫。

具备了出色的绘画表现力并不代表掌握了游戏角色设计能力，所以在此引入游戏角色设计概论的内容，为具体创作实践做重要引导。作为游戏美术设计的重要组成部分，游戏角色设计已经逐渐形成了一套自己的设计思路与方法，抓住这些理论思维技巧，再结合成熟的绘画表现，就可以完成出色的角色设计。

4.2.1　角色背景设定

现代游戏设计的艺术性越来越高，画面也越来越精美，控制游戏的主角漫游在虚拟的世界中能给玩家带来非凡的视听体验。游戏的进步也不断地提升玩家对游戏的要求，游戏内容的设定也随着玩家口味的不断提高而越来越复杂，所以在设定游戏角色时要考虑的内容也要越来越全面。角色的背景设定是游戏角色设计的先行环节，这个背景为角色存在的合理性提供依据，也为具体创作提供合理范围与主题。

对于许多强调游戏人物的特定游戏类型（例如 RPG）来说，角色的背景设定直接关系到游戏的受欢迎程度，决定着游戏的成败。

（1）融入世界观。

人生活在世界中，游戏中的角色也生活在自己的世界中。所以角色背景设定的第一步就是确保角色人物符合整体游戏的世界观，否则人物的存在就会缺乏合理性，进而影响整个游戏的设计。

《战神》是以希腊神话为题材的动作游戏，由索尼电子娱乐于 2005 年 3 月在北美 PS2 平台首次推出，至今又陆续推出了许多续作与外传，在全世界拥有庞大的玩家群体。《战神》的世界观以古希腊神话为背景，讲述的是主角奎托斯由凡人成为战神并且向众神复仇的冒险故事。虽然是古希腊神话题材，但是战神的故事却不像古典油画描绘的希腊神话那样唯美，反而充满了血腥、黑暗、暴力的元素。在战神的世界里，希腊神话的诸神都凶残狡诈而心怀鬼胎，神明的造型都充满了黑暗哥特风格，让人不寒而栗。这个魔幻世界混合着古希腊社会的基本特征，充满魔法元素与各种怪物，也有金属与机械的科技感，内容非常丰富。

奎托斯这个人物的设计与世界观非常吻合，他非常适应这个只有强者才能生存的环境，拥有超人的体能与力量，能运用各种各样的魔法，武艺超群战无不胜。人物身上所有的突出特点都与世界观的突出特点相吻合，可以说，奎托斯就是这个世界的代表，他的行为也主导着世界的变化，有极强的存在感。从奎托斯的设计上能找到许多启示。

（2）人物性格。

人物性格决定了人物的魅力，甚至人物的外形特征与气质。在确定了人物的性格之后再进行视觉设计就会更加精准。仍然以战神奎托斯为例，这个人物的性格暴怒、崇尚武力、嗜杀成性，面对挑战与困难总是一往无前使用自己的力量解决一切阻碍，即使是神明阻扰或者激怒了奎托斯也会成为刀下之鬼，如图 4-12 所示。

图 4-12　战神奎托斯人物设定

奎托斯的造型非常符合人物的性格设定，可以说这个造型完全是人物性格的外化。奎托斯身材魁梧肌肉发达，四肢修长而有力，这个身躯就是杀戮机器。他的五官面部特征非常立体，满脸的横肉，表情凶狠冷酷，留着代表性的山羊胡子，这样的设定极好地突出了其刚强的性格。战神的盔甲与武器以红金色为主调，给人强势而华丽的感觉，配合白色皮肤与身体上的红色战纹极具侵略性。奎托斯的外形和性格给玩家留下了深刻印象，玩家操控着他展开史诗般的冒险，获得极强的游戏体验，战神游戏系列也因此长盛不衰。

塑造人物的性格通常可以按以下思路。

首先，在赋予一个角色某种性格的同时，也要为这种性格提供一种形成逻辑。想一想是什么样的遭遇或是环境促使他形成了这种性格，这与世界观设定密不可分。奎托斯在斯巴达长大，这个城邦的环境是崇尚武力的，人人都渴望成为万人难挡的战士。这样的生长环境就为人物好战、嗜血的个性提供了依据与合理性。

其次，一个人物性格的凸显也有赖于他与其他人物的关系，有赖于与其他人物的对比。奎托斯虽然冷酷好战、暴怒无常，但从另一面看他也是个真性情的硬汉，做事明刀明枪、一往直前。相比之下，诸神和其他人物则多阴阳怪气、尔虞我诈、笑里藏刀，大多都是暗箭伤人的小人性格。这样的人物对比也更加凸显出奎托斯这个战神的强烈个性。

最后，在人物面对困难与矛盾时，他仍然能够坚持下去的东西，才能最终确立他性格中最鲜明的特点。奎托斯无论在面对亲人去世、朋友背叛，还是乱军沙场、怪物攻击，或是面对众神的敌对，都不会改变自己决定要做的事情。也正是有这样的设定，玩家才能战胜神话般的困难与危险，获得游戏成就与爽快。

（3）人物档案。

人物档案是角色背景设定的有趣环节。这项工作像是在为一位明星写专门供"粉丝们"查看的秘密，档案包括人物的所有主要信息：身高、体重、生日、兴趣爱好等。这些档案文字的撰写会让人物越来越接地气，仿佛他真实存在于世界中。在日本的游戏设计中，人物档案内容是非常常见的，如图4-13所示。

姓名：霸王丸　　　　　　　　　　　喜欢的：决斗
生日：宝历十三年　九月五日　牛之刻　讨厌的：懦弱的家伙，滑头的人
出生地：五藏国城内　　　　　　　　在意的：性急
身高：五尺七寸　　　　　　　　　　尊敬的人：花讽院和狆，住在自家附近的老学者
体重：十七贯目　　　　　　　　　　持剑之道：以全部生命做赌注的究极之道
血型：A型　　　　　　　　　　　　特技：说大话（他坚持他是个对剑技很认真的人）
武器名：名刀·河豚毒　　　　　　　感到和平的时候：酒的味道很美的时候
流派：我流　　　　　　　　　　　　喜欢的类型：大和抚子

图4-13　《侍魂》人物设定

4.2.2 角色原画类型与规范

(1) 设计草图。

设计草图是所有视觉艺术设计都会经历的步骤和过程,设计师通过快速的纸面表达确立脑中的视觉设计内容。在游戏角色设计中草图创作也非常多见,艺术家和设计师使用数字绘画工具进行快速涂鸦或者在速写本上进行头脑风暴,完成对角色形象的初步设计,如图4-14所示。

图 4-14 著名 MMORPG 游戏《魔兽世界》的怪物概念草图

(2) 概念图。

概念图的表现内容往往不只是人物,有时它们像是一张完整的绘画作品,有一定的情节与动作,画面表现人物生活、工作或者战斗的情景。概念图的内容往往能够给设计师带来启发,基于一张概念设计图的内容往往能够延伸出一系列的设定,如图4-15所示。

图 4-15 《魔兽世界》熊猫人概念图

图 4-15 是暴雪著名的原画设计师 Samwise 创作的熊猫人概念图,这张设计表现了一个身着东方武士服装的熊猫人与骑在自己背上的女儿一起玩耍的情景,这张概念图让暴雪的创作者们第一次见到熊猫人这个有趣的形象。大家都非常喜欢具有东方神韵的熊猫武士角色,于是在此基础上进行了许多延伸的创作,最终形成了《魔兽世界》这个游戏世界观中一个完整的种族——熊猫人。暴雪娱乐的游戏开发者们也专门围绕这一种族的故事为《魔兽世界》开发了一个资料片:熊猫人之谜,带领玩家走进一个颇具东方异域风情的崭新冒险。

(3)细节设计图。

细节设计图是角色原画类型中非常重要的步骤,它其实是原画设计师对自己的创意和设计进行深入的过程。角色的细节设计往往都是角色的全身设定,能够展现角色的几个重要的透视角度,甚至常常包括角色重要零部件、面部特写、盔甲武器装备的分解描绘。细节设计图的形式也很多样,包括线稿、素描、上色草图等,如图 4-16 所示。

战锤矮人种族细节线框设定。展现了矮人战士整体的身形特征、盔甲武器风格,也展现了矮人种族的许多标志性的细节设定,如龙的图案、符文等,细节设定图为后续的设计指明了方向。

(4)着色原画设计图。

着色原画设计图是游戏角色设计中完成度最高的一种形式,原画设计师在前面几个步骤的基础上选取一个最佳的表现角度对人物形象进行深入的表现。目前游戏原画业内大多采用数字绘画的形式对角色进行深入的色彩与质感表现,这样的手段效率较高也容易调整修改。许多游戏的着色原画设计图非常精美和深入,甚至可以与电影级别的画面相媲美,如图 4-17 所示。

图 4-16 《战锤 Online》矮人细节设定

图 4-17 《战锤 Online》矮人着色原画设计图

图 4-17 是战锤矮人的着色原画设计图,它是在细节线稿的设计基础上进行的深入表现,这个华丽而敦实的中古魔幻角色形象给人们留下了深刻印象。

(5)角色三视图。

三视图是角色原画设计中非常标准化和规范的一个环节,要求设计师根据完成的角色设定画出同角色的正面、侧面、背面,或者正面、背面、四分之三侧面。通过严格的立体与透视变化确立这个角色在不同角度的模

样，以指导三维游戏美术进行具体的建模与贴图制作。三视图对角色原画设计师的要求较高，需要做到准确的多角度还原，以确保后续流程制作的准确性。

图4-18为《战锤Online》黑暗精灵人物三视图，表现角度的转换精准到位。从正背视图能看到这个角色的全貌与细节，从最左侧的着色原画可以看到角色最终的效果。

图4-18 《战锤Online》黑暗精灵人物三视图

4.2.3 角色形象设计与表现

(1) 角色的基本形。

学习基础素描时往往都是从石膏几何体写生入手的，如图4-19所示用铅笔素描光影表现球体、正方体、圆柱体等形状。这些石膏几何体就是立体的基本形，世界上的物体几乎都可以用基本形来概括和组合。设计师的创作思路也常常会从基本形开始，然后一步步地在此基础上进行拆解、分析、变形与细化。

图4-19 基本形——石膏几何体

游戏角色设计是视觉设计、造型设计的一种形式，所以也常常会使用到基本形的方法。即使面对写实风格、细节丰富的游戏造型设计，也可以把它们概括为基本形然后再一步步细化。

首先在脑中确定一个角色造型的基本特点，然后选择合适的基本形去对应这个特点，把它们组合堆叠在一起组成造型的基本结构：修长的角色对应长方体、圆柱体、锥体等基本形的特点；墩实的特点对应正方体和低矮的几何形；圆润的人物对应球体和其他圆面的形体；孔武有力的角色造型则对应棱角分明的基本形。基本形一方面为造型设计提供了基础，另一方面也夸张地放大了角色各自的特点。在此基础上深入设计完成的角色往往具备很强的整体感，视觉印象也会由于基本形的存在而较为深刻。

图4-20是《暗黑破坏神3》中的一个怪物设计图。这个恶魔类的生物是一个修长的人形，长着弯曲的犄角，面相凶恶，身体虽然不算强壮却也布满肌肉精壮有力。全身的盔甲装饰颇具哥特感，尖刺、钉在盔甲上的长钉以及修长的指甲这些细节让这个恶魔非常具有侵略感。这个人物的基本形其实可以概括为长方形，修长、灵活并且富有攻击性的特点也来源于此。

图4-20 长方形怪物设计

图4-21同样是《暗黑破坏神3》中的怪物，相比之下这个角色墩实圆润的特点就非常明显，他的形体结构可概括为三个球体，身上的花纹、滚圆的四肢也让球的基本形体感更加强烈。

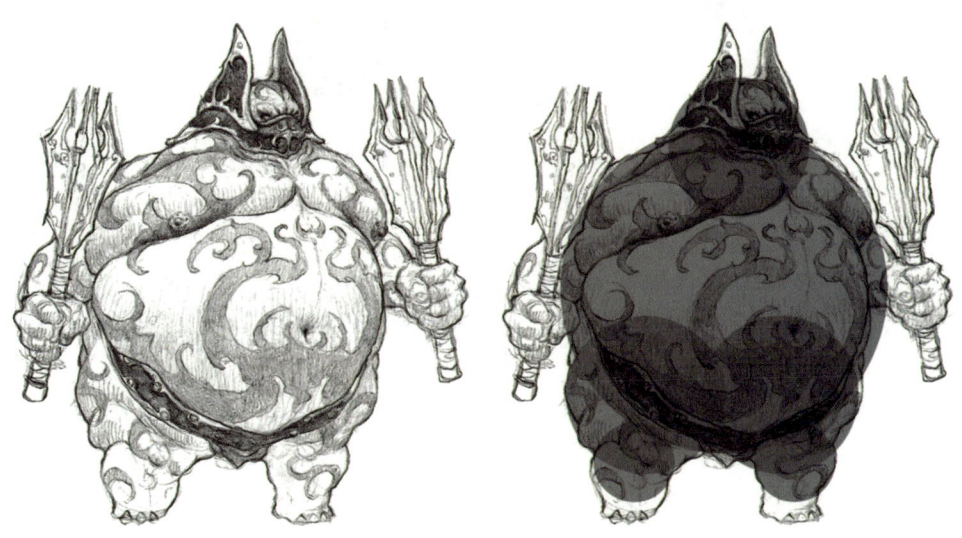

图4-21 圆形怪物设计

(2) 角色的剪影。

如果说基本形设计思路追求的是角色设计的整体感，那么剪影设计追求的则是在整体感基础上更加丰富的轮廓美与破出外形的韵味。剪影设计也是角色设计师们创造形象时常用的方法。

首先用黑色或深色快速描绘角色的剪影，这时设计师关注的是其轮廓的整体感觉、动作与气势。接着会对这个剪影做多次修改，直到脑中对此角色的表现角度和姿势满意为止，剪影的动作对角色设计的作用非常重要，因此需要多次调整。在初步剪影设计满意后，设计师会加入简单的光影对比，让角色的结构更加具体，然后一步一步地进行细化。

图 4-22 《波斯王子·武者之心》武士设计图

从图 4-22 中的角色创作步骤中能清晰地看到剪影设计的演变思路：最初的剪影是向做倾的把剑动作，接着身体的重心趋势向右移动，最后确定的身体重心又下移了一些。从剪影中能感受到这个人物正在进行的攻击招架动作的趋势，从剪影设计上细化完成的人物具有很强的战斗个性状态。

人物的剪影虽然看不见五官、色彩以及细节内容，但是通过这个轮廓也能感受到角色传递的个性与特点，从优秀的游戏角色创作上能明显感受到这一点，如图 4-23 所示。

《拳皇》系列是格斗游戏的代表作品，这类游戏以人物对立战斗为核心，所以尤其强调角色设计。从上图的角色剪影设计中就能明显感到四个人物的分明个性：一个霸道而立、双腿粗壮身躯魁梧；一个含胸勾背，张牙舞爪；一个双手下垂，腰背略弯，带有侵略感；一个双手叉腰向前迈步，颇具自信。

如图 4-24 所示的是完整的上色原画，四位角色的整体感觉是与剪影效果高度一致的。

图 4-23 《拳皇》人物剪影

图 4-24 《拳皇》人物原画

4.2.4 动作与表情

(1) 动作美感。

在游戏角色设计中,原画设计师有时会非常关注角色的形体构成、光感质感的表现,而忽视角色的动作姿势设计。但是动作设计有时会为一个形象注入灵魂力量,许多关键的气场与个性必须通过动作才能很好地呈现出来。

许多不强调动作夸张性和个性的游戏往往在设计角色时都采用全景站立的角度来表现,角色动作的表现直接在游戏中期制作中依靠动画师的感觉来实现。但对于某些以动作个性为卖点的游戏来说,在角色设计时就格外注意人物动作的美感。

《侍魂》系列格斗类游戏的角色大多都是古代武士的形象,这一系列游戏的角色设计中就格外注意动作对人物整体美感的表现,许多在设计图中表现的动作最终都运用到了实际游戏中,成为了人物攻击、防御、跳跃

游戏美术设计

的具体动作组成。每位角色的动作都自成一派、彰显个性。如图 4-25 所示左边的风间火月，他的动作表露出热血、爆裂的脾气。而图 4-25 右边的风间苍月则更加体现优雅。玩家在认识每个角色时不仅仅在形象视觉方面产生印象，也同时能欣赏到他们不同个性动作。

图 4-25 《侍魂》人物原画

（2）用表情强化角色性格。

表情是角色面部的细节的动作，与动作设计一样可以强化和突出个性与美感，对展现人物性格也有非常重要的作用。在表情设计上，《侍魂》人物的设计同样可圈可点。

图 4-26 展示的是《侍魂》游戏系列中的著名人物牙神幻十郎的表情原画，这个人物被设定为一名醉心于剑术的浪人，为追求精妙的剑术与至高的力量而不惜一切代价。能清晰地从感受到人物眼神表情中透露出的杀气与冷酷感，有十足的邪恶气质，这些表情的细节设计不断地在为人物形象加分。

图 4-26 《侍魂》人物表情原画

同样是浪人武士形象，霸王丸的表情设定就更加英武，眉宇间流露豪杰气质与豪爽的性情，这样的表情设定也极度符合角色的个性，霸王丸与牙神幻十郎同时追寻剑术的武者，但在行事方式上却正反不一，这样的背景和个性都可以从表情上找到设计与表现依据，如图 4-27 所示。

图 4-27 《侍魂》人物表情原画

4.2.5 角色的色彩设计

色彩是视觉的重要组成，色彩设计是也是角色设计的升华环节。在形体结构、动作表情表现的基础之上加入合适的色彩设计，能够让角色的个性更加彰显，更具生命力。

(1) 色彩的三要素。

进行色彩设计之前首先要弄清色彩本身的三个要素。

1) 色相，又称色调，是色彩本身的倾向，红、黄、蓝、绿这些都是色调。可以看到的多数色彩都是不纯的色调，只有光谱色是纯色调。

2) 饱和度，又称彩度，是色彩的强度或纯度。高饱和的色彩看起来浓而丰富，而低饱和度的色彩则显得像褪了色一般。饱和度表现黑白灰混在色调中的量，黑白灰没有色度，是无色度颜色。

3) 明度，指的是色彩的亮度，是某一色彩呈现出来的亮暗的程度。

色相、饱和度和明度在 Photoshop 中通过"色相/饱和度"工具可以快速调整，使用数字绘画工具来设计角色的色彩时，经常会使用这一工具来快速调整色彩的三要素，以寻找最合适的颜色，如图 4-28 所示。

(2) 色彩的象征意义。

人们通过肉眼与大脑能够分辨颜色，不同的色彩在人们心里都会产生不同的意义与感受，引发心理活动、

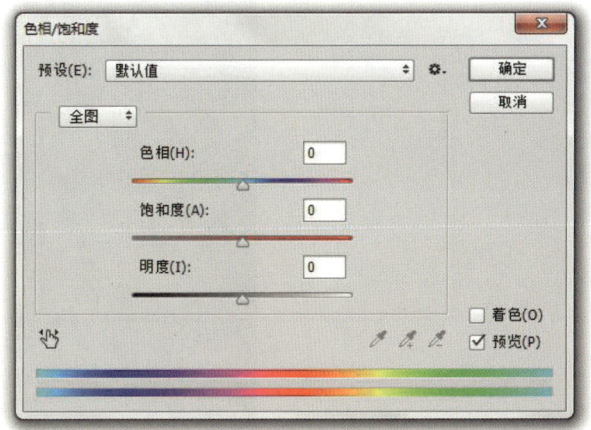

图 4-28 "色相/饱和度"工具

心理暗示和思维联想。这就是色彩的象征意义与心理作用，色彩其实已经成为了一种视觉符号，设计师可以通过它们去表达一定的思想与情感。

红色往往可以表现生命、热情、火辣、吉祥，或者警示、危险等，红色能量充沛，但有时也会传达血腥、暴力与压力。橙色常表现热情、温和、喜庆、等情感，给人亲切、坦率、开朗的感觉。黄色善于表现富贵、荣耀、地位、光辉，是华丽的色彩。绿色可以与青春、鲜活、生机、平静、希望等情感联系起来，与这些正能量的情感相对，绿色还可以表现诡异、隐秘、邪恶气息。蓝色往往代表深邃、幽静、冷静、沉稳，蓝色是灵性知性情感充沛的色彩。紫色象征高贵，常用于表现华贵、神秘、魅力……色彩的个性多种多样，在为游戏人物选择色调时需要考虑不同色彩的象征意义，把色彩作为角色性格与个性的外化。

（3）色调与风格。

人物的色彩设计往往都要抓住一个主色调，在一个颜色的基础上做明度、饱和度上的变化，再配合补色点缀，以达到视觉统一，形成风格。色调的使用一定要抓住统一中求变化的基本方法，否则就会造成人物色彩的混乱，影响整体视觉形象。角色的色调把握也一定要符合整体游戏的美术风格。

图4-29是《暗黑破坏神3》中巫医角色的设定，设计师选用了较深的蓝紫色为主调来表现这个古怪神秘的角色。巫医皮肤黝黑略带紫色倾向，全身服装的底色选用比肤色稍纯亮的紫色，面具眼睛高亮的部分选择的是接近玫红的亮紫色。这个基调很好的表现了角色的个性，紫色带来异域而神秘的风格。在此基础上，作者选用了金黄色点缀面具与服饰，以及白色的羽毛装饰，与紫色形成了鲜明的对比。在补色的对比下紫色显得更加深沉，并且不失细节。类似魔法的青色火焰点缀了整体阴暗的色调，显得十分醒目。这个色彩设计的例子中可以看到统一中求变的出色视觉效果，同时黑暗哥特气息十足的色调设计也非常符合《暗黑破坏神》这一系列游戏的定位。

图4-29 《暗黑破坏神3》角色设定图

4.2.6 质感与细节

在计算机图像技术还不发达的年代,游戏的画面表现可能仅仅到达颜色这一层面而无法很好地表现质感与细节,玩家对游戏人物难以建立特别强的真实感。但是随着三维图形技术的出现与成熟,特别是最近几年的次世代主机的问世,游戏的画面表现力已经接近电影。高分辨率的贴图纹理,凹凸与高光表现让游戏的世界越来越真实,画面的质感与细节获得大幅提升。随着游戏画面的不断进化升级,游戏角色设计对质感与细节的要求也在不断提高。

《刺客信条》系列是育碧出品的系列动作类角色扮演游戏,玩家扮演一名刺客展开历史与史诗结合的冒险。刺客的角色设计非常具有次世代游戏的特点,在质感与细节表现上非常突出,如图 4-30 和图 4-31 所示。

图 4-30 《刺客信条》角色设计图

图 4-31 《刺客信条》角色细节设计图

角色服装质感非常丰富，包含了高光明显的皮质，高光较弱的软皮，粗糙的布料，细腻的丝绸。配饰的点缀材质包括了金属、毛皮，不同的材质在光色环境中呈现不同的视觉效果。这个角色的细节设计同样也丰富到位，服饰花纹、皮甲镶边、金属雕刻都在表达角色所处的时代特征与性格特征。

4.2.7 系列化与家族化

色彩、造型风格的统一把握的是独立角色造型语言的一致，而系列化与家族化关注的则是角色与角色之间的视觉风格关系。使用统一的角色设计语言：基本形、动作、色彩、质感与细节等，完成的多个角色能够和谐地组合在一起，形成一定地族群感，这就是角色设计的系列化与家族化。

《英雄无敌6》地狱种族的设计是角色家族化系列化的典范。英雄无敌系列游戏一直是魔幻战略类游戏的引领者，游戏的美术设计影响了许多同类型的作品甚至包括许多魔幻电影。地狱种族是英雄无敌系列一直非常著名的恶魔种族，这些人物与怪物都具有共同的特征：形体矫健、轮廓尖锐具有侵略性，浑身长满尖角与倒刺个性张扬，浑身充满鲜血与火焰的元素色调偏红、橙。图4-32中展示的是深渊恶魔与魅魔的设定，虽然一个是肌肉发达的怪物一个是邪恶的少女形象，但是从共同的造型、色彩、质感、细节特征上，也能明显感到这两个角色来自同一个世界中。

图4-32 《英雄无敌6》地狱种族

4.3 游戏角色设计实例解析

4.3.1 厚涂法绘画训练

厚涂法是数字绘画中常使用的绘画方式,通过控制笔刷的大小与不透明度,可以自由控制色彩的覆盖与融合,借此实现画面的造型、结构、质感的表现。厚涂法数字绘画与覆盖性很强的传统丙烯颜料、油画颜料类似,经常使用厚涂法进行人物训练有助于培养角色造型能力、色彩表现技法,也有助于进一步熟练使用数字绘画工具。

(1) 线稿草图。

上色前先用简单的线条勾画出人物的面部轮廓与结构特征,作为上色的基础,如图4-33所示。

图4-33 人物轮廓草图

(2) 铺上底色。

铺底色时使用透明度变化较小,覆盖性较强的画笔,为人物的面部皮肤、头发、五官添加大块面的颜色。铺底色时可以大胆使用粗犷的笔触,重点考虑面部结构的走势以及大体的明暗对比,如图4-34所示。

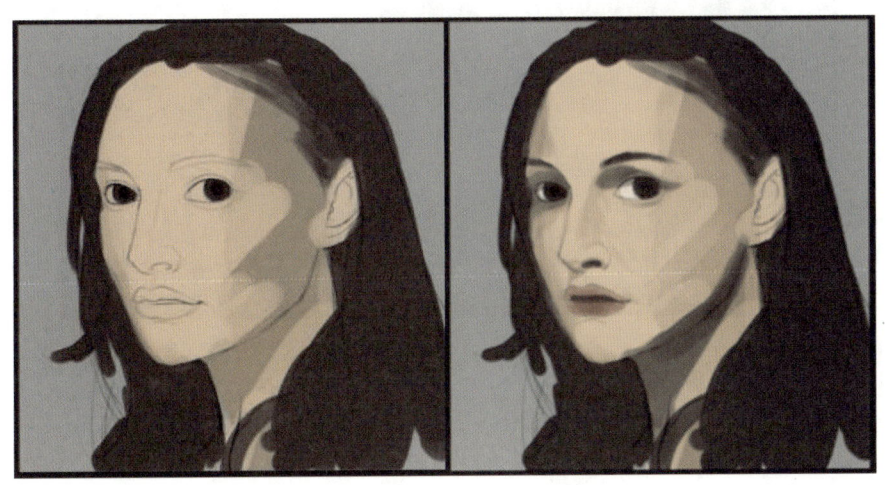

图4-34 基本色彩结构

(3) 造型修改。

随着上色过程的不断深入，人物的形准问题可能会暴露出来。在传统绘画创作中常常会使用镜子观察反转的画作来发现问题，在 Photoshop 等数字绘画软件中，可以通过水平翻转画布等快捷工具，反复从左右不同方向观察人物的问题，如图 4-35 所示。

图 4-35　色彩结构修改

(4) 丰富色调。

在底色的基础上铺上脸颊、鼻子、嘴巴的颜色变化以及高光，画出头发的亮面与暗面。颜色越来越多时，画面可能会越来越乱，有时也会发生跑形的问题。在厚涂法深入刻画的过程中要学会控制画面，并且通过随时翻转画布不断修改造型。

厚涂法往往只有一个图层，目的是更加接近于传统覆盖性材料的绘画方式，图层数量的精简也更加便于使用变换、液化等工具修改人物的细节造型，如图 4-36 所示。

图 4-36　色调深入

(5) 自由变换工具的使用。

在第 3 章数字绘画基础中讲到的"选区"与"自由变换"工具可以在此广泛使用。用选区工具勾选需要调整的部位，比如人物的耳朵，复制选区到新的图层，再用"自由变换工具"（Ctrl + T）进行调整，到位后再向下合并，如图 4-37 所示。

第4章 游戏角色设计

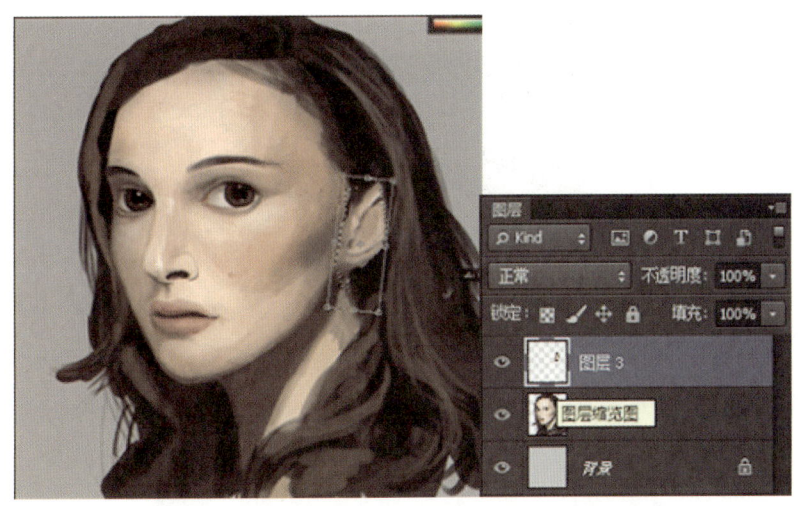

图4-37 使用"自由变换工具"调整结构比例

(6) 眼睛的深入刻画。

眼睛是心灵之窗,在人物刻画中眼睛的深入表现是重点。在基础调子之上,使用较柔并且细腻的笔刷画出双眼皮的亮面、眼窝的暗面,强化眼睛的立体感如图4-38~图4-41所示。

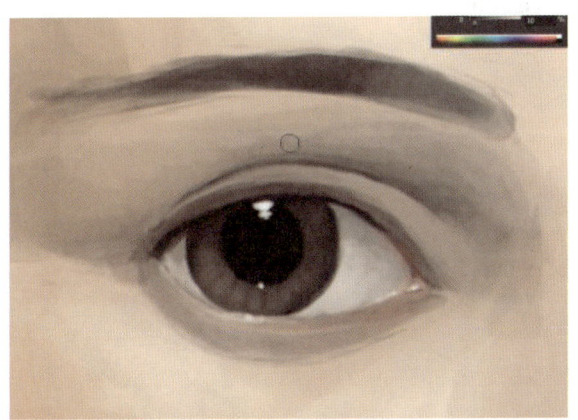

图4-38 眼睛的深入刻画

图4-39 使用深褐色的细笔勾勒眼线、眉线与睫毛,强调出眼睛的精气神

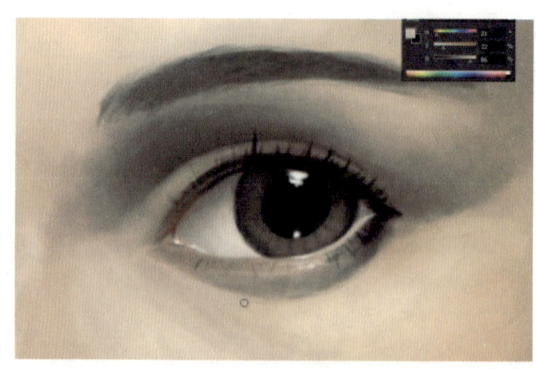

图 4-40　反转画布仔细观察，加深眼窝的阴影与眼角转折处的暗部

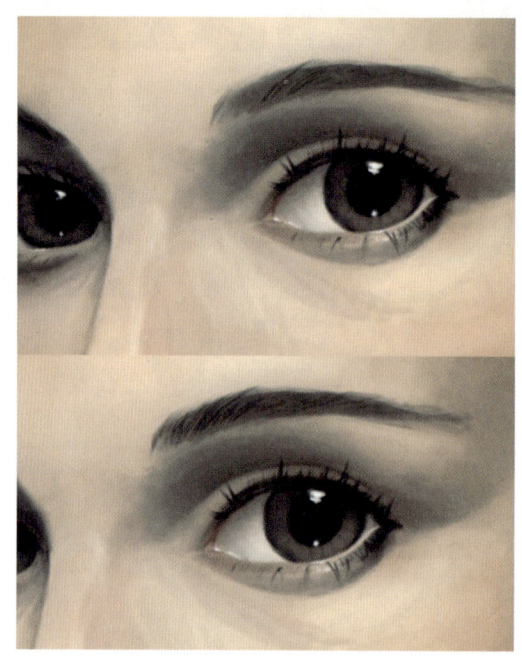

图 4-41　用深咖啡色细笔刷刻画眉毛的细节，增加清晰锐利感

（7）鼻子的深入刻画。

首先用较小的笔刷把之前的杂色与凌乱的笔触收拾干净整齐，接着加深鼻孔的阴影，加深鼻翼转角处的阴影，深入刻画鼻子的投影与人中转折处的暗部，刻画鼻子时要注意其立体感，如图 4-42 所示。

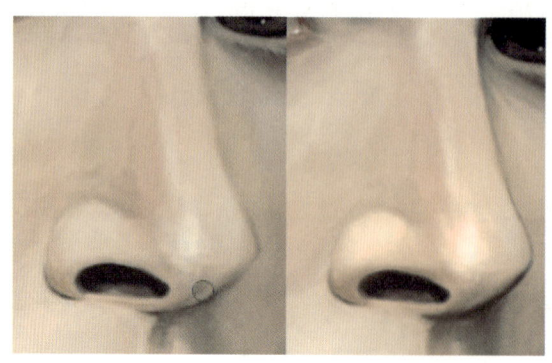

图 4-42　鼻子的深入刻画

深入刻画之后调整形会比较麻烦，这时候就可以使用 PS 的"液化"滤镜工具，使用"液化"可以较好地微调形准，同时不破坏笔触与颜色，如图 4-43 所示。

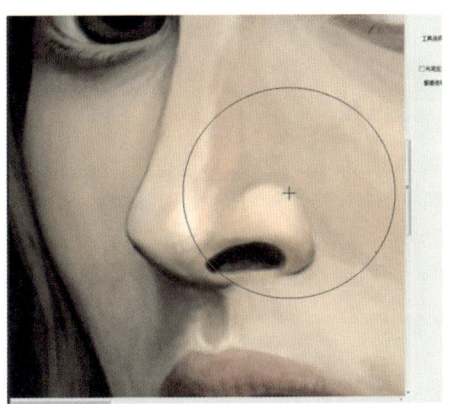

图 4-43 使用"液化"工具调整细节

(8) 嘴巴的深入刻画。

嘴巴的深入与其他五官部位类似。首先收拾前一阶段凌乱的笔触，刻画嘴角转折与嘴唇间的投影，突出嘴唇的厚度与肉感。在深入上色时，还要注意嘴巴整体在面部的曲面转折透视，如图 4-44 所示。

图 4-44 嘴巴的深入刻画（一）

嘴巴的深入刻画也可反复通过翻转画布来观察形准。在深入过程中要注意使用更纯的颜色提亮嘴唇的透感。嘴唇与脸部肌肤交接的转折线一定要刻画得硬气一些，使嘴唇更加立体。嘴巴时与鼻子连接处的颜色过度，要自然均匀，注意小结构的刻画，如图 4-45 所示。

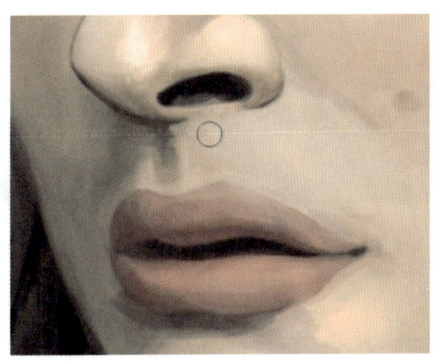

图 4-45 嘴巴的深入刻画（二）

接下来要画出嘴角皮肤的阴影，表现嘴唇内部渐渐闭合的空间和下嘴唇的投影。在这一步骤中开始提亮上嘴唇的边缘高亮部分，加强嘴唇与皮肤锐利的过度，并且使用教亮的粉红色画出嘴唇上的褶皱，如图4-46和图4-47所示。

图4-46　嘴巴的深入刻画（三）

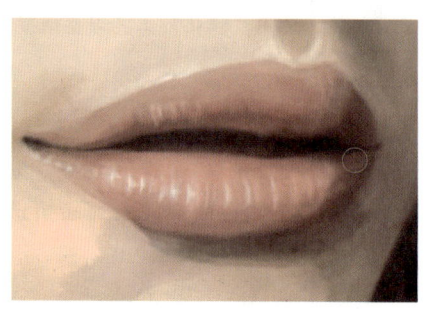

图4-47　最后添加嘴唇褶皱上的高光，让嘴巴看起来更加剔透，更加性感

（9）暗部的整体加深。

在面部细节刻画较为深入时，可以用第3章讲到的"选区"加"渐变"工具的组合来制造柔和均匀的加深过渡效果。用选区工具选中脸的弱光面、眼窝、鼻子投影与脖颈投影，并且进行羽化。然后就可以用画笔或者渐变工具用正片叠底或加深的模式压重暗面了。之后取消选择，用柔角画笔涂抹处理生硬的过度线，如图4-48所示。

图4-48　使用"选区"和"渐变"工具加深暗部

（10）头发的刻画。

头发的细化要先抓整体色彩、明暗变化，再表现细节与质感。首先用适中大小的笔刷，收拾头发的整体形与每簇头发的走势与明暗，深入刻画的时候要注意整体感，不能琐碎凌乱，如图4-49所示。

图 4-49 头发的整体明暗刻画

接着就可以转入细节刻画。先用普通画笔刻画头发之间的投影，再使用毛发画笔在前面的基础上增加拉丝细节，适当补足高光以增强头发的质感。头发的深入刻画需要耐心，灵活地使用多种毛发形态的笔刷能达到事半功倍的效果，如图 4-50 所示。

图 4-50 头发的细节刻画

(11) 面部颜色提纯。

整体肖像都完成了之后颜色对比感觉有些灰，这时可以使用"选区"与"色相/饱和度"工具为皮肤增色，如图 4-51 所示。选中面部皮肤后，一定要使用羽化工具虚化选区的边界，避免调色和修改后留下的硬边。使用"色相/饱和度工具"给整体皮肤提纯之后，还可以选择红色通道单独提纯面部红色强的部位，如嘴唇和腮红等位置，如图 4-52 所示。

图 4-51 面部区域选区

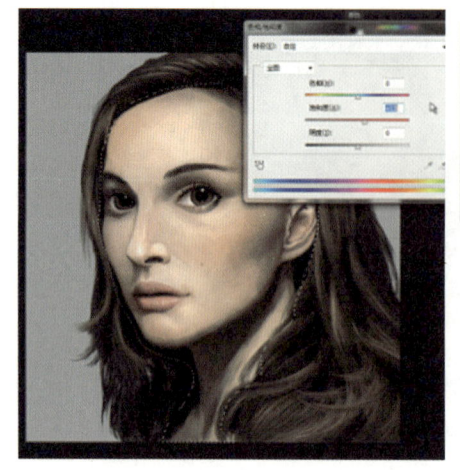

图 4-52 面部饱和度调整

（12）最后再用"液化"工具。

微调一下五官的位置，这张人物肖像就基本完成了，如图 4-53 所示。

图 4-53 完成图

4.3.2 怪物类角色创作

怪物类角色设计在游戏美术设计中占据重要地位，怪物们在游戏世界观中往往扮演着反面形象，成为英雄们斩杀与征服的对象。怪物类角色设计非常有趣，因为他们的个性非常鲜明，无论从五官到身材再到各种细节都可以进行夸张表现。设计这些角色时，设计师的发挥度非常自由。设计师在创作怪物类角色时，一般都会在现实世界的动物、植物等生物体上寻找灵感与参考元素，将它们的特征提炼并相互结合，就能创造出许多鲜活并且具有一定存在依据的角色来。

动物特征与人体结合的方法是怪物类角色创作最常见的一种方式，图 4-54 所展示的是吸血鬼头部设计的过程。从图中就能发现这样个怪物的面部，其实就是人类的头颅结合了一些吸血蝙蝠的特征：尖锐的犬牙、三角形的耳朵、上翘的鼻子、细长的双眼。

吸血鬼的身体也以人体结构为主，只是在头身比上进行了夸张，突出了其修长的特点。手指、脚趾也比普通人类更加纤细修长，重点是其背部的巨大翅膀，如图 4-55 所示。

第 4 章　游戏角色设计

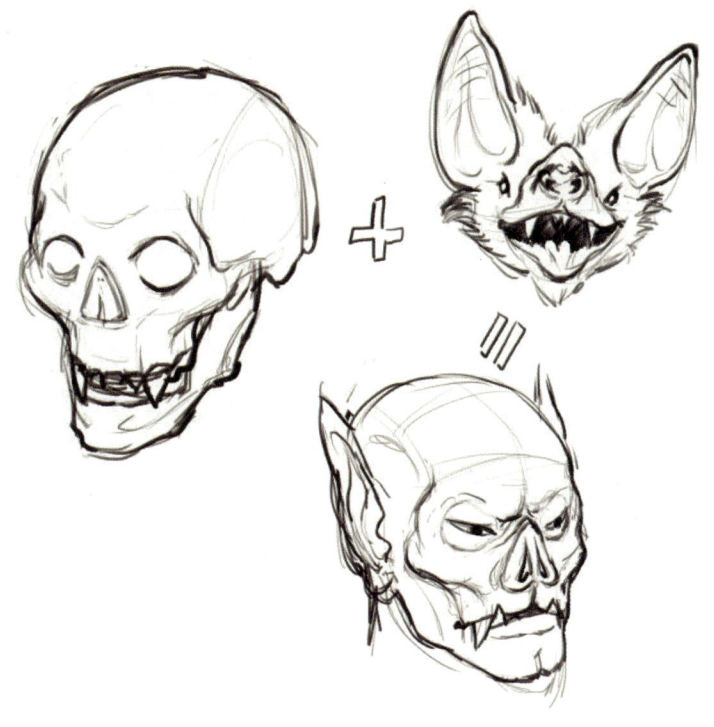

图 4-54　吸血鬼头部设计过程

吸血鬼角色的设计深入过程也采用了厚涂法，首先确立的是这个角色的基本黑白关系特征。身体与皮肤明度较亮，呈现死亡的灰白感，衣着、头冠等服装元素较暗，以衬托苍白的身体，如图 4-56 所示。

图 4-55　吸血鬼角色草图

图 4-56　吸血鬼的灰度设计

吸血鬼的色彩设计以灰暗的蓝色调为主，主要目的是为了凸显他代表死亡的特性。身体与皮肤选用的是偏蓝的灰白色、长袍与衣着选用深蓝色、腰带与头冠则加入了偏暖的金属颜色，最突出的部位是角色的眼睛，在灰蓝色调的映衬下，血红的眼睛显得格外突出，如图 4-57 和图 4-58 所示。

游戏美术设计

图 4-57 吸血鬼的色彩设计

图 4-58 吸血鬼的色彩深入

4.3.3 卡通类角色创作

卡通类角色深受广大玩家的欢迎，这种类型的角色人物在手机游戏中非常流行。下面结合案例给大家分享一个卡通类游戏角色的创作过程。

(1) 设计构思阶段。

卡通类游戏角色最突出的特征就是夸张的头身比，所以创作的第一步就是用草稿的形式确定人物的头身比例、肢体比例，如图 4-59 所示。设想的这个角色是生活在雨林中的印加战士，他善于捕猎、身材强壮。把他设计成了三头身，并且以倒 T 形为基本形，以突出他的个性。

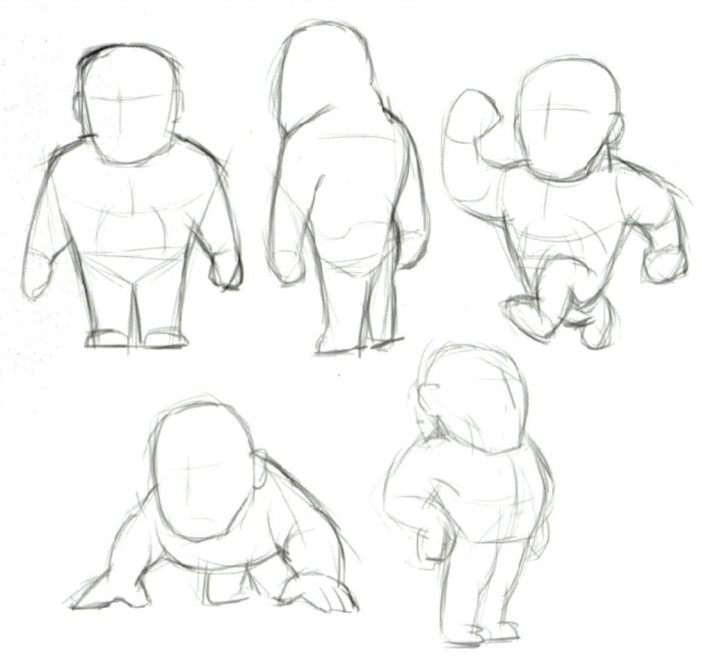

图 4-59 头身肢体比例

在身体比例草图的基础上,加入具体的设计元素,核心的设计点就是为这个战士形象融入印加文化的特点。印加帝国坐落在中美洲的雨林地区,帝国的战士们会将当地的凶猛动物(如美洲豹)的皮毛装饰在身上,以体现力量的强大,对敌人产生威慑力。抓住这一特殊的服饰文化,为这个角色融入了鳄鱼的元素:他身披鳄鱼皮,头戴鳄鱼头制成的头盔,威风凛凛,如图4-60所示。在细节的草图中笔者完整地描绘出了角色的几个主要角度,还有关键性的pose设计。从草图中还可以看到卡通风格角色设计比较"整"的特征。

图 4-60　角色细节草图

(2) 勾线并明确细节。

设计构思确定之后,笔者选取了角色的正面站立姿势进行勾线,以明确细节设计。勾线上色是卡通风格数字绘画的常用表现手法,线条在这种手法中至关重要,它明确人物的轮廓与结构,通过粗细变化来区分整体形状与细节结构,而工整的线条在上色阶段也能够提升工作效率。如图4-61所示,使用较粗的实线确定下角色的轮廓,勾线需要单独置于一个新图层。

图 4-61　确定角色轮廓

接着使用粗细、透明度不等的线条刻画角色，边缘和轮廓线条较粗、较实，细节和纹理结构线条较细、较虚。勾线时可以将视图的缩放比例扩大至100%以上，这样勾完的线条能够保持圆润、不抖，如图4-62和图4-63所示。

图4-62 细节勾线

勾线完成后，可以降低底层草稿线的不透明度，使用涂抹工具对其进行柔化，这样草稿线的层就能成为总体图像的阴影细节。涂抹工具使用的是柔角笔刷，设置可以参考第3章的相关内容，如图4-64所示。

图4-63 勾线完成图

图4-64 涂抹笔刷设置

选择角色最外侧的轮廓建立选区，使用这个选区为草稿线层建立蒙版，再为图像添加一个灰色背景，就得到了图4-65所示的勾线完成效果。

（3）上色与细化。

勾线上色手法对分层的要求更加严峻，我们通常会把性质、颜色相同或者相似的部分分在同一个图层，以方便更有针对的进行绘画和调整。如图4-66所示，本角色的色彩图层分为：武器、皮肤、衣服、头饰、装饰绳子五个部分，如图4-67所示。

接下来在身体、服装相对应的图层进行分别的厚涂绘画，使用同类色调中明度较高和较低的色彩刻画身体、服装的细节结构，包括颧骨、鼻梁、嘴唇、肌肉等，如图4-68和图4-69所示。

第 4 章　游戏角色设计

图 4-65　完成效果与图层设置

图 4-66　色调平铺与分层

图 4-67　结构色调细分

游戏美术设计

图4-68 明暗深入

图4-69 色调细节完成

5

游戏美术设计

第 5 章 游戏场景设计

5.1 游戏场景设计基础

在进行游戏场景设计学习和创作前，需要对这一视觉设计环节的基础进行理论学习。游戏场景设计属于视觉设计的范畴，与绘画摄影等形式的艺术创作有相似之处，在本节的论述中会经常通过类比进行理论阐述。

5.1.1 构图

构图是绘画和摄影中常用的概念，指的是画面的布局与构成，以及画面内各元素的排列与组合关系。构图是场景设计的基础性环节，场景设计画面的气势多半是依靠构图来表现的。构图随着绘画与摄影等视觉艺术的不断发展，已经形成了一套较为完整和系统的方法，下面结合一些场景摄影的案例介绍几种常用的构图形式。

(1) 黄金分割与三分法。

黄金分割是指将整体一分为二，较大部分与整体部分的比值，等于较小部分与较大部分的比值，比值约为 0.618，即 a：b＝(a＋b)：a，如图 5-1 所示。

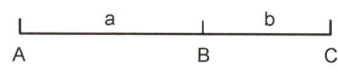

图 5-1 黄金分割示意图

这个比例被公认为是最能引起美感的比例，因此被称为黄金分割。黄金分割最早是由古希腊的数学家毕达哥拉斯所发现，因其严格的比例与蕴藏着丰富的审美趣味，后来黄金分割被广泛应用到建筑和艺术中。

许多经典的作品都按 0.618：1 的比例来设计，如古希腊许多著名的雕像人物的腿长与身高比值都接近 0.618，而略高于真实的人体比例。建筑设计师们也把 0.618 这个黄金比例应用到雅典卫城的神庙、巴黎圣母院、埃菲尔铁塔等著名的建筑中。

斐波那契螺旋线，以斐波那契数为边的正方形拼成的长方形，然后在正方形里面画一个 90°的扇形，连起来的弧线就是斐波那契螺旋线，也称"黄金螺旋"。自然界中存在许多斐波那契螺旋线的图案，是自然界最完美的经典黄金比例，如图 5-2 所示。

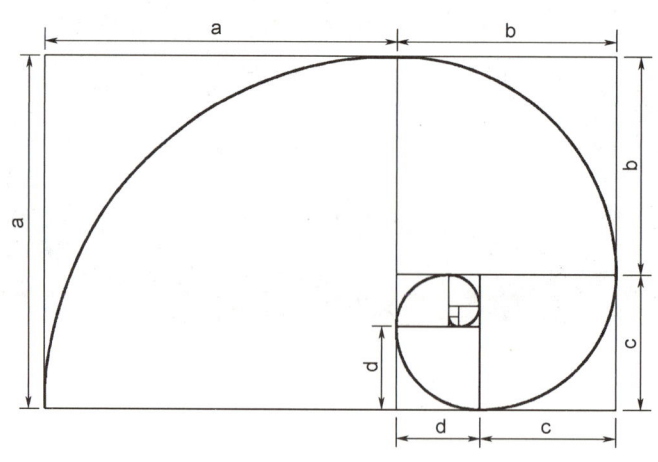

图 5-2 黄金螺旋示意图

《蒙拉丽莎》是达·芬奇的代表作品，这幅画作中就存在一个黄金螺旋，如图5-3所示。如果把人物的眼睛位置定位在黄金螺旋的旋转中心，那螺旋的最外侧弧线正好连接在手的位置。黄金螺旋经典比例的使用也使这幅画成为了不朽的名品。

在黄金分割的基础之上延伸出了构图的三分法，这是一种常用的构图手段，也称作"井字构图法""九宫格构图"。这种方法并不像黄金分割那样追求极其准确的比例关系，而是通过两条竖线与两条横线平均地将画面分割成九个等大的区域，这样可以得到四个交点，然后把最希望重点表现的画面内容——即视觉中心——置于交点的位置，如图5-4所示。

图5-3 《蒙娜丽莎》中的黄金螺旋

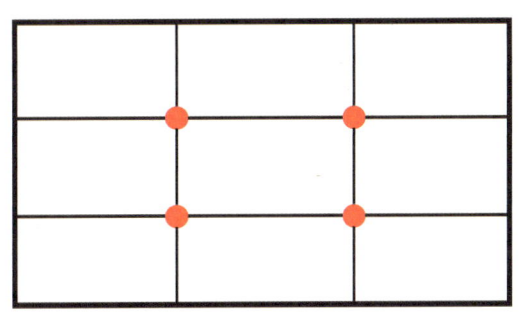

图5-4 三分法构图示意

三分法构图的画面主体处于非正中的位置，因而能够制造出有重量感的画面，主体的存在感会被增强。如图5-5所示，庙宇塔楼与瀑布在画面中的突出感。

图5-5 三分法构图案例（照片来自于网络）

三分法构图在竖向构图中同样适用，从图5-6中能够明显感觉到左右两个画面的不同感受。左图海岸线的灯塔置于上三分之一处，视平线以下的部分多过天空，这样的构图给人较稳定平整的感受。而右图逆光的几个人物剪影置于下三分之一处，天空的部分多过地面，给人仰视天空的憧憬感。

图 5-6 三分法竖向构图案例（照片来自于网络）

(2) 平衡式构图。

平衡式构图其实是在三分法构图的基础之上延伸出来的一种构图形式。三分法的视觉中心位置不在正中，有些极端的构图下甚至可能贴近边缘，那么这样势必会引起画面重心的偏移与不稳感。平衡式构图就是要寻找合适的平衡元素，将它置于合适的位置以消除视觉中心偏移而带来重心不稳感。如图 5-7 所示，大球是视觉中心，小球的作用就是为画面"配重"，达到平衡。

图 5-8 所示的就是一个平衡式构图的经典案例，渔船与落日相互照应，构图的重心平稳，视觉中心集中于渔船与落日上，给人平静祥和的感受。在场景设计中，尤其是针对风景和室外的场景，常常会使用太阳、月亮这样的自然光源来为画面配重，制造小视觉中心为画面带来平衡。

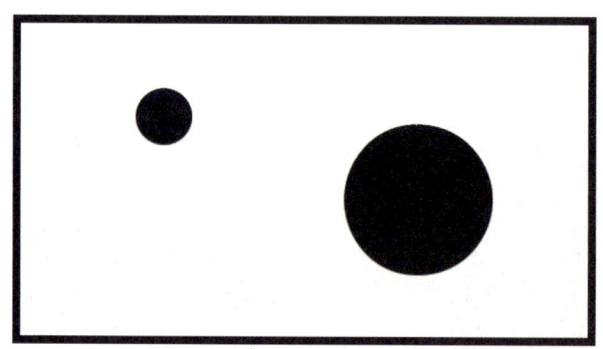

图 5-7 平衡式构图示意

图 5-8 平衡式构图案例（照片来自于网络）

(3) 留白构图。

留白构图的思路正好与平衡式相反，它主张保留画面重心的偏移，并且通过大量天空、纯色、渐变等空旷的背景空间去强化视觉中心，如图 5-9 所示。

留白构图具有很强的意象美，从"空白"中能展开丰富的画外联想，这就是东方美学中的"象生境外"。大范围留白在许多摄影作品和绘画（特别是中国画）中常常被使用，但在场景设计中却不是很多见，根本原因在于场景设计仍然是强调内容的展现，与绘画摄影相比具备一定的功能性，而非个人情感的表达。但是这种构图的思路却值得学习，如图 5-10 所示。

第 5 章 游戏场景设计

(4) 对称式构图。

对称在视觉艺术中是一种最常见的美感形式，对称式构图具有平衡与稳定感，在游戏场景设计中常用于表现建筑物、工业造物，表达庄严、神圣、平稳、安定的感觉。

如图 5-11 所示，在对称感很强的背景衬托下，骑行的人物显得非常突出。下图则是使用了水面的倒影与反射来体现对称感。这两种形式的拍摄在摄影作品中屡见不鲜，这样的经验方法同样也适用于游戏场景设计中，只要与合适的内容结合就能实现不错的效果。

图 5-9　留白式构图示意

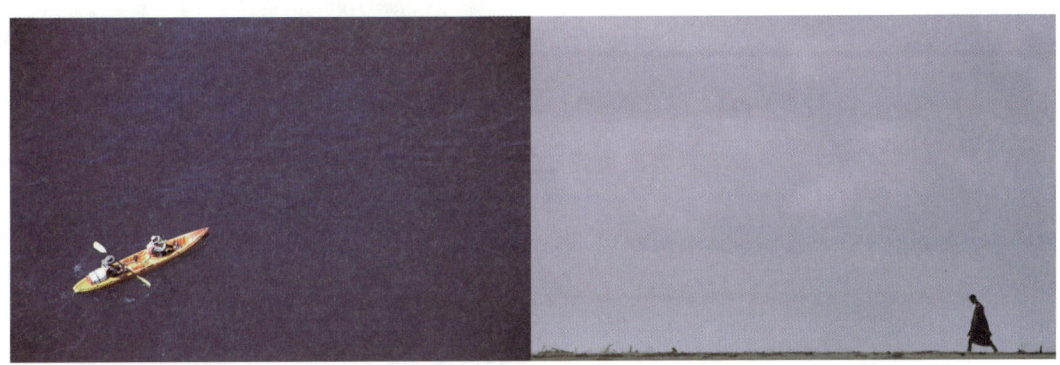

图 5-10　留白式构图案例（照片来自于网络）

图 5-11　对称式构图（照片来自于网络）

99

(5) 对角线构图。

对角线构图方法是一种经典的画面构图法，利用画面对角线的最长距离，能够加强其立体感和延伸感，为视线提供一个极强的趋向，加强视觉的冲击力。在表现跨度较大的建筑如桥梁与公路时常常可以使用这种构图，如图5-12所示。

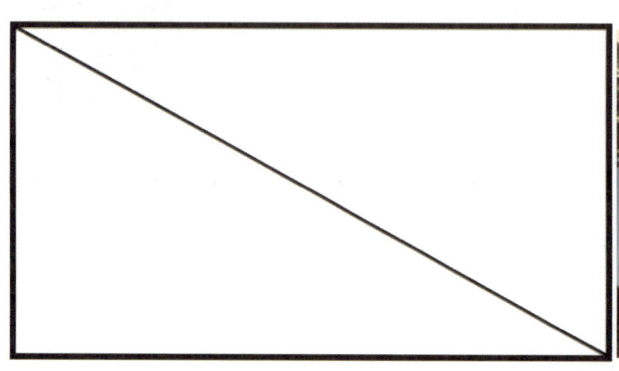

图5-12　对角线构图（照片来自于网络）

当然，对角线构图并不意味着强调绝对完整的线条性，视觉元素按画面大致的对角线方向排列也属于对角线构图。如图5-13所展现的画面是一个非常好的构图，行进的人物与建筑的阴影组成了画面的对角线，趋向与力度一下就体现出来，并且从画面中还能感受到一定的戏剧性。

图5-13　对角线构图案例（照片来自于网络）

(6) 放射式构图。

放射式构图与对角线构图相比具有更强的视线指向性，因为放射式构图由多条直线组成，它们汇聚成一点。无论这个汇聚点是在画内还是画外，都能在画面中制造很强的纵深指向，如图5-14所示。

场景设计对放射线的使用会非常普遍，因为这种构图形式最能强调纵深感、空间感与气势，这些特性非常符合场景表现的要求与风格，尤其对于宏伟的室内场景，放射式构图更是首选之一。放射线可以从建筑结构的透视变化上寻找，如墙体结构线、侧角度台阶线、柱子结构、横梁结构等，如图5-15所示。

自然界中也存在放射式构图，最常见的就是树木枝干与光线，如图5-16所示。这些元素在许多室外风景摄影中都有应用，学习时可以从这些作品中积累一些实际案例与方法，运用到游戏场景设计中去。

图 5-14　放射式构图示意

图 5-15　建筑结构的放射式构图（照片来自于网络）

图 5-16　自然界中的放射式构图：光线与枝干（照片来自于网络）

(7) 交叉线构图。

交叉线也是构图中一种增强纵深的常用方法，这种构图手法常在画面中寻找两条或多条交叉线，以这些自然的线条作为构图的中心，让它们成为视线的引导，制造独特的画面效果。交叉线构图常常在摄影作品中出现，来表现铁轨、电线与城市的场景，如图 5-17 所示。在场景设计中，也可以巧妙的让建筑结构呈现交叉线，来增强画面的视觉表现力。

图 5-17 交叉线构图（照片来自于网络）

(8) 曲线式构图。

曲线构图的韵味十足，在构图中制造 S 形曲线、逆曲线或折线的布局，可以增强画面的飘逸感与生动性。在日常生活中也较为常见，道路、河流等都是自然的曲线形态，现代建筑设计中也经常会结合曲线结构，这些内容在画面中都具有很好的美感，如图 5-18 所示。

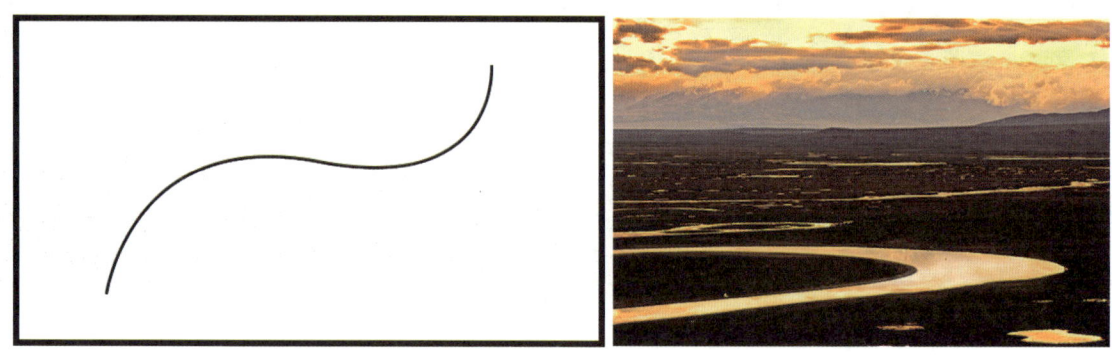

图 5-18 曲线式构图（照片来自于网络）

曲线结构用于与建筑中时，能够给人带来很强的未来感与科技感，如图 5-19 所示。在科幻题材的游戏场景设计中巧妙使用曲线，能够增强设计的表现力。

图 5-19 现代建筑中的曲线（照片来自于网络）

(9) 纵深式构图。

纵深式构图常常利用于建筑物的走廊、门廊、连排的柱子增强画面的纵深空间,制造极强的视觉冲击力,如图5-20所示。这样的构图形式在室内场景设计,如宏大的神殿、深邃的通道等气势恢宏空间的表现中经常使用。

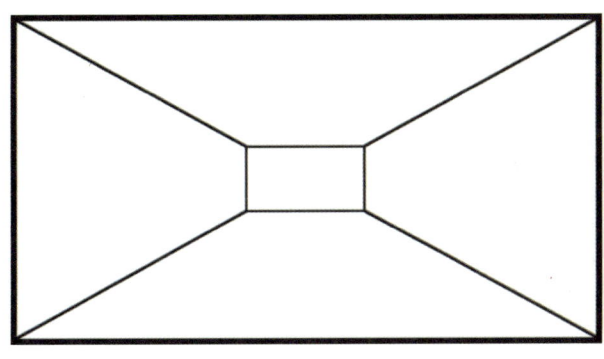

图 5-20　纵深式构图(照片来自于网络)

(10) 几何形构图。

几何形构图通常针对多视觉中心的画面,最常见的是三角形的布局。将重点表现的三个物体呈三角形放置在画面中,可以让画面产生一定的稳定感,同时又不失灵活性。三角形顶点相距较近的一侧往往能产生较强的视觉吸引力,但由于第三点的存在又不至于使画面失衡,如图5-21所示。

构图的形式因创作者与实际创作需求的不同还会衍生出多种其他的形式,但是这些不同的构图形式都存在着共同的目标,那就是让画面布局合理、生动,并且突出视觉中心。

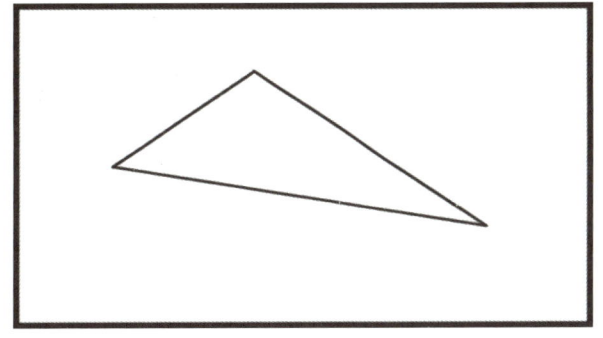

图 5-21　三角形构图示意

5.1.2　透视

透视是绘画中观察与研究画面空间的方法,掌握透视规律可以准确归纳视觉空间的变化,进而将三维空间描绘在二维平面(画纸)上。与绘画一样,掌握透视规律是进行场景设计的必要条件,使用合理的透视角度来描绘场景,才能制造最震撼和动人的场景空间效果。并且,从游戏场景制作环节的需求来说,透视准确的原画设计才能提供正确有效的指导。相反,透视有问题的设计图会为制作环节带来许多麻烦。

近大远小是人们对视觉透视的基本认识,但场景设计与绘画中需要考虑的透视关系却要复杂得多。与画面既不平行又不垂直的水平直线,都会消失于视平线上的一点,这个点成为消失点或者灭点。场景设计中常用的透视类型根据消失点的多少主要可分为三大类。

(1) 一点透视。

一点透视的画面中只有一个消失点,也称为平行透视或者平透视。一点透视能够表现一个主方向上的强烈纵深感,适合表现庄重严肃的场景空间。一点透视的消失点往往能够对观者的视线起到很强的引导作用,使用一点透视的场景设计要处理好这一引导的方向性,如图5-22所示。

(2) 两点透视(成角透视)。

两点透视又称为成角透视,画面由两个消失点作为参考,常常用于表现有一定角度的场景物体,如图5-23所示。两点透视表现出的空间相对于一点透视要更加立体,能够自由、生动、真实地表现场景。两个消失点所放射出的参考线交汇处的物体往往具有最强的立体感,在场景设计中要抓住成角透视的这一特点,巧妙地突出视觉中心的位置。

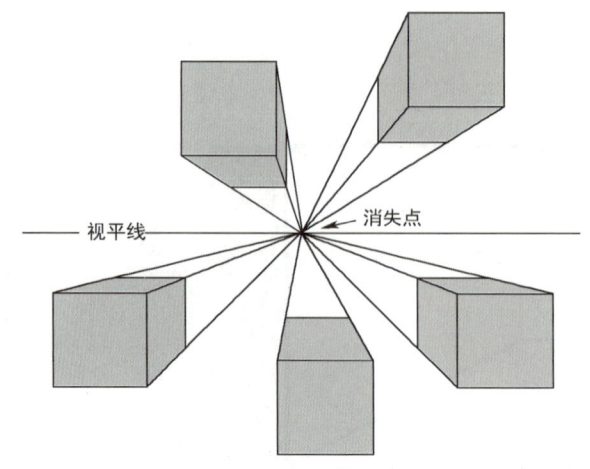

图 5-22 一点透视图

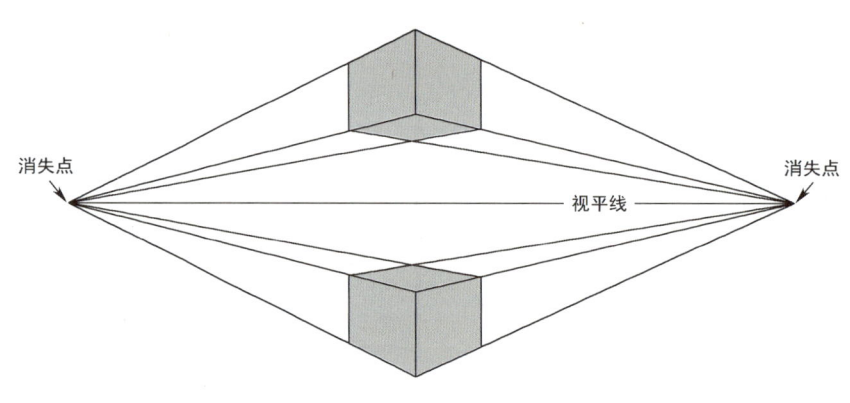

图 5-23 两点透视图

(3) 三点透视。

三个消失点会形成很强烈的透视，相比前两种形式三点透视是一种夸张的表现形式。即便是低矮的物体，如果通过三点透视来表现，也会显得高耸和雄伟。三点透视又称作斜角透视，从这一文字定义上，就能感觉出它对视觉观感的影响，通过图 5-24 和图 5-25 对方体的三点透视表现就可以看到它的夸张变形效果。

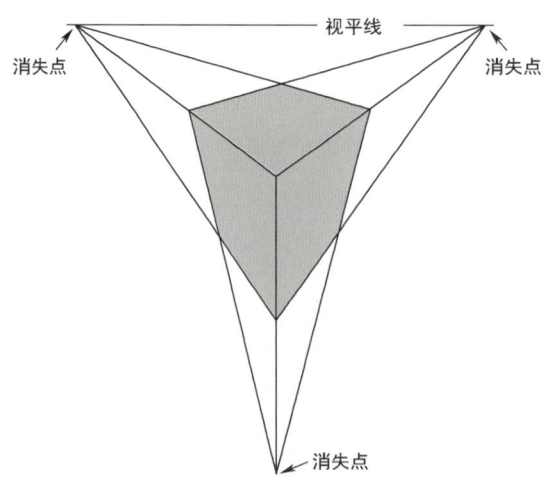

图 5-24 俯视角度的三点透视图

第 5 章 游戏场景设计

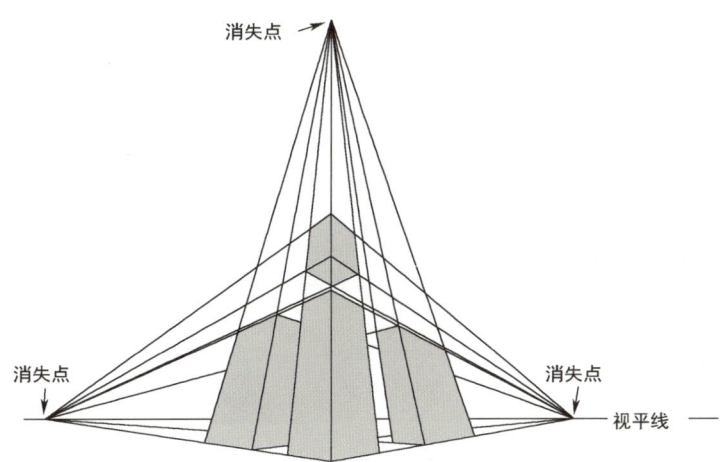

图 5-25 仰视角度的三点透视图

5.1.3 空间层次

空间层次的表现是绘画艺术的重要内容，早在文艺复兴时期，艺术大师达·芬奇就提出了与空间层次表现密切相关的"空气透视概念"。自然界空气中的物体离视点越远，就越接近于空气本身的色彩。空气透视就是通过模仿真实世界中空气对不同距离物体视觉上的影响来表现画面的深度与空间层次，从图 5-26 的画作中我们能感受到空气透视给画面带来的朦胧与浪漫之美。

图 5-26 英国著名画家威廉·透纳的水彩作品

空间层次同样也是电影画面设计特别强调的内容。电影画面具有极强的视觉可塑性，可以通过二维的银幕来模拟非常真实的三维视听空间，所以创作者总在竭尽所能地为观众制造视觉盛宴，因此，在电影画面的处理中格外考虑画面空间层次上的丰富性。空气透视的原理也经常被用于设计中。图 5-27 是电影《加勒比海盗》的画面截图，在影像带来的真实性基础上，也能感受到影片画面与空气透视绘画类似的美感。

随着游戏硬件条件的不断提升，游戏作品的画面表现能力也在不断增强，新次世代的游戏画面已经越来越接近电影级别。因此，作为占画面内容绝大部分的场景美术设计，也越来越强调空间层次的表现，空气透视原理也成为场景设计的重要基础。在后面的原画案例分析中也会解析这一原理的重要性。

游戏美术设计

图 5-27 《加勒比海盗》电影画面

5.2 游戏场景设计概论

与角色设计一样,游戏的场景设计师也需要具备扎实的绘画功底,能够熟练掌握构图、透视与层次表现,并且流畅生动地表现光影、色彩与质感。培养绘画表现能力需要长期的训练,大家可以经常使用数字绘画工具,来练习自然物、人造空间等场景内容的表现。

除了表现技法,场景设计还有一套自己的方法思路与规范,本节就重点围绕这些内容展开。

5.2.1 世界观与场景美术风格

世界观为游戏美术设计确定主题,世界观设定建立起游戏风格、时代背景,这两点决定了场景设计的基本走向与风格。世界观也对游戏世界的自然条件、地理信息做详细描写,成为场景设计的重要信息依据。

反过来看,场景设计很大程度上是对世界观设定的再现,相对于角色设计,场景的表现内容更能够体现世界观的性质与类型,能够从宏观的感受上影响游戏玩家对世界观风格的体验。

认识世界观与游戏场景美术风格的相互影响,可以从几个主要风格分别来看。

(1) 幻想风格。

幻想风格的游戏类型非常流行,它包含着魔幻、奇幻、科幻、玄幻等多种天马行空的世界观设定类型。幻想风格的世界观丰富多彩、风格迥异,深受来自不同文明与地域的故事、传说、神话的影响。受这种类型的世界观设定的影响,场景的美术风格也充满各种奇幻元素:高耸入云的神明般的山脉、英武壮丽的神庙和城堡、壮美的悬崖与平原、史诗般的人与魔物交战的战场……场景设计可发挥的空间在幻想风格的世界观下可以说是非常宽广的。

图 5-28 是著名的奇幻游戏《上古卷轴 5:天际》的英灵殿场景截图。这个场景设计很好地体现了恢宏伟岸的气质,呼应了作品的世界观风格。英灵殿是游戏中主角种族"诺德人"心中的圣堂,这里居住着英勇的诺德英雄的灵魂。英勇的战士在人间要通过艰难的试炼,英勇战死之后他们的灵魂才能通过鲸骨大桥,到达这个神圣的殿堂,享受诺德文化中的最高荣誉。

"诺德"这个种族的设定参考了北欧神话,人们生活在寒冷的环境中,骁勇善战,崇尚武力与正义。英灵殿的外观设计上也能明显感受到北欧建筑的粗犷之美:高耸的主殿、粗壮的支撑结构。英灵殿坐落在群山之巅,通过山石之间弥漫的雾气,绚烂的星空与极光,能从场景中感受到世界观强烈的地域特点。

图 5-28 《上古卷轴5：天际》的英灵殿场景截图

(2) 写实风格。

写实风格随着游戏画面表现力的提升而开始大行其道，游戏引擎的渲染能力在光感和质感表现上已经非常逼真，画面的写实度已经达到相当的高度。但是画面光影效果的写实并不代表游戏的风格就是写实的，正如《上古卷轴5：天际》，游戏的画面效果是非常写实的，无论是光影、色彩还是纹理、质感都极具真实感，但游戏的风格却属于幻想类。

写实风格中的"写实"所指的是世界观内容的写实性，与其表达的写实性。写实风格的世界观设定多以真实世界为参照，依据真实的世界格局、文化风貌、地域特征等基础性架构来进行再创造。这类世界观风格下的场景设计也多以现实世界作为参照，无论是建筑结构、组织布局还是自然生态、气候特征，都以还原真实为设计目的。

《战地4》是写实风格FPS游戏《战地》系列的新作。从图5-29中，就能看到游戏场景风格对写实主题世界观的出色表现和还原。

图 5-29 《战地4》游戏场景截图

(3) 卡通风格。

卡通与写实在设计风格上差别很大，卡通风格的游戏作品在写实风格林立的游戏业可算是重要的调味剂，这类游戏带来的诙谐、夸张与幽默给玩家带来了有趣的体验。卡通风格游戏的世界观设定也充分体现夸张性，世界的虚拟性很强，世界的逻辑与架构常常挑战甚至打破一般规律。

图5-30展示的是《植物大战僵尸花园战争》,这款游戏是在同名二维塔防类益智游戏的基础上制作的,游戏世界观的主体由活动的植物角色与滑稽的僵尸之间的对抗构成。从图片中能看到,游戏场景的光影、色彩、质感等效果是基于一定写实表现基础的,但不同的是色彩的搭配,建筑物自然物的比例造型等方面有鲜明的夸张感。场景风格是在写实光影之上的夸张,总体感觉非常类似欧美的三维动画片,很好的表现了这类风格的世界观特征。

图5-30 《植物大战僵尸花园战争》游戏截图

图5-31 《LOCO ROCO》游戏画面

从以上的三种主流游戏风格类型中,能清晰地看到世界观对场景设计主题性的指导,以及场景设计内容对世界观本身的呈现作用。二者相互依存,互不可分。在主流三维写实光影游戏之外,还存在着许多场景极具艺术个性风格的游戏作品。从这些相对小众、特立独行的游戏中,可以看到场景设计对世界观的特殊表达,这些大胆的创作形式为游戏设计拓展了更多的可能性。

(4) 极简主义图像风格。

《LOCO ROCO》是掌机PSP上的一款动作类游戏,从图5-31中,能看到这个作品的独特个性:游戏的角色与场景都由纯色的矢量图形构成。游戏的世界观设定相对灵活开放,游戏强调的就是操控这些活泼的球形角色,在跳跃、翻滚、前进中获得乐趣。游戏场景设计的主要作用就是用极简的图形搭建这个清新、欢快的世界。

(5) 卡通水墨风格。

水墨是东方特有的艺术形式，日本的动作冒险类游戏《大神》就巧妙地把水墨风格融入了游戏的场景设计中，并且通过这种特殊的画面表现形式塑造和呈现了极具东方美与神秘感的魔幻世界观。玩家在游戏中操控并扮演白狼形象的太阳神"天照"，在世界中斩妖除魔。场景设计模拟出的柔软的纸与笔的效果，通过玩家绘制的关系要素解谜通关，很好地表现了治疗世界这一游戏主题，如图 5-32 所示。

图 5-32 《大神》游戏画面

(6) 素描插画风格。

《机械迷城》是捷克的独立开发小组 Amanita Design 设计制作的一款冒险游戏。游戏的世界观设定在一个机器的世界，人物、动物、城市都由机器组成。为表现这样的主题，给玩家带来独特的游戏体验，游戏采用了全二维的背景和人物，场景与人物都由充满蒸汽朋克特点的素描插图绘画形式来表现，如图 5-33 所示。

图 5-33 《机械迷城》游戏画面

在《机械迷城》中,机器人角色与场景看起来虽然都古旧、锈蚀,但却因手绘的表现形式而又让人感到亲切、生动。场景设计细节丰富,表现到位,虽然看起来调子灰暗但却充满惊奇,这种视觉观感也与游戏的世界观风格高度一致。

5.2.2 场景原画类型与规范

认识场景原画类型与规范就是在认识场景设计的创作过程,场景设计内容无论是简单还是复杂,都需要经历以下几个重要步骤:

(1) 概念草图。

与角色设计一样,草图是场景设计师快速表现脑海中构思的创作形式。场景设计的草图多以线稿形式出现,从宏观或者局部的角度描绘场景的构成特点。虽然场景概念草图的完成度不高,但很多设计层面上的关键内容却在这个阶段就被表现出来。

从图5-34草图中,可以感受到《波斯王子:时之沙》游戏场景的独特个性:方体圆顶的建筑风格展现了浓郁的波斯风情,形态各异的建筑组合形成了错落有致的城市,依山而建的险要城门与地形巧妙结合。

图 5-34 《波斯王子:时之沙》场景概念草图

(2) 全景图。

场景设计与绘画作品相比具有很强的功能性,它需要把游戏的场景空间用最清晰最明确的形式展现出来。因此,场景设计图在构图与表现上更注重表现的全面性,而并不一味追求绘画的美感。场景全景图的表现深入程度要比草图阶段更近一步,通常会包含明暗、光影与色彩。

场景全景设计图是场景设计的一种规范形式,使用大全景的角度与景别,能最清晰地展现设计的全貌。图5-35是《暗黑破坏神3》的场景设计图,全景的视角能看见废弃荒芜的城镇全貌。平原河流山丘并存的丰富地形、前景散布着古旧的房屋与塔楼、中景是一座残破的教堂式建筑、远处山丘中坐落着城堡式的建筑。这张全景设计图的层次丰富,富有视觉冲击力,配合雾气弥漫的环境传递出来的是一种萧瑟、寂寥的情境。

鸟瞰全景的视角也是全景场景表现中常见的角度,使用这种上帝视角,能让设计师清楚地构思场景的地形、自然风貌、建筑组合、道路布局等。使用这种视角来创作,就像是在纸上玩建造类游戏一样富有乐趣,如图5-36所示。

第 5 章 游戏场景设计

图 5-35 《暗黑破坏神 3》场景全景设计图

图 5-36 鸟瞰全景视角的场景设计图

(3) 气氛图。

概念草图与全景图完成的是设计思路的表达，通过多次的创作尝试与修改，游戏场景的主体内容通过前两个环节就已经基本确立。气氛图是在已经建立的场景内容基础之上，对整体设计进行润色的过程。场景气氛图通常会选择沉浸式视角（也就是近似游戏进行时玩家的视角），紧抓场景的光影、色彩、氛围进行深入表现，完成的设计作品能够给观众带来直观的视觉感受与心理影响。

图 5-37 是场景气氛图的优秀代表作品，表现的是魔幻风格游戏《英雄无敌 6》中亡灵巫师种族的城市。画面色调偏灰，幽暗的青色天空笼罩着埃及与哥特风格交织的建筑，门廊与窗子里还透着绿光，场景充满阴森感与死亡气息。

(4) 细节分解图。

气氛图达到满意的效果之后，场景设计就已经基本接近尾声。此时需要进行的步骤是对场景中主要部件进行的分解设计，目的是为中期三维美术制作人员提供明确的指导，以保证游戏场景的最终呈现与设计师的思路保持一致。细节分解图往往围绕着一个完整表现的场景部件展开，在质感、纹理、花纹、图案、平面工程图等

图 5-37 《英雄无敌 6》亡灵巫师种族的城市气氛图

方面对场景部件加以解释,让负责中期制作的场景美术师明确工作内容。

《战锤》系列游戏作品在美术设定上是极其严谨与细致的,《战锤》系列游戏的角色、场景设计图,常常作为行业内的规范与标准,被许多游戏开发团队与设计师们当作参考,从图 5-38 中就能窥见一斑。精灵塔楼建筑的透视严谨,细节深入,并且明确表示了平面工程图。同时,设计师对极富种族特点的雕文图案进行了深入刻画,并且进行了色制定与细节质感设计。

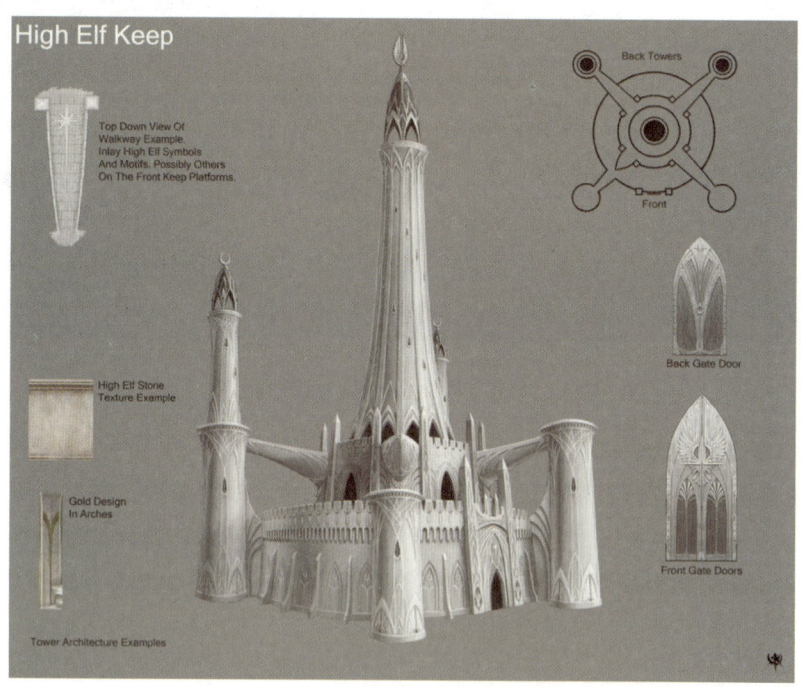

图 5-38 《战锤》精灵建筑细节分解图

5.3 场景设计实例解析

本节将结合几个具体创作案例来解析场景设计的具体设计思路与表现方法。

5.3.1 筛选构图进行深入

（1）概念构图。

构图是场景设计的第一步，场景的透视、纵深、层次、氛围、气质等要素都与构图密不可分。使用概念草图的形式尝试多种不同的构图，然后筛选修改，最终选择满意的单张构图进行深入表现，是一个非常有效的创作方法。

在本案例中，想要表现的是一个坐落群山中的场景，场景元素主要包括：群山、植被、云雾、古建筑，画面需要有强烈的视觉冲击力，场景需要体现壮丽、开阔的感觉。依据这样的创作思路，选择了开阔的平角透视绘制了四张概念草图，如图 5-39 所示。

图 5-39 概念构图

（2）构图细化。

最终通过筛选，在第 2 章草图的基础上进行了深入修改：主体山峰与建筑群的位置调整至了画面左侧的黄金分割点附近，突出其视觉中心位置，在右侧重心平衡处加入了一个龙卷云的设计，一方面丰富构图，另一方面也是为了加强远景的层次与天空的透视，最后增加了天空在画面中的比重，以突出一定仰视的感觉，如图 5-40 所示。此时，Photoshop 的图层内容非常简单，只有线框图层与白色的背景，如图 5-41 所示。

图 5-40 草图筛选与细化

图 5-41 分层示意

(3) 设计参考。

确定了画面主体构图之后，设计内容更加明确起来。接下来的进一步深入，就需要在现实生活中寻找相关的参考，辅助设计。武当山的道教建筑群是中国古建筑的瑰宝，建筑与自然融为一体，气势恢宏并且具有浓郁中国风，与本场景设计的主体思路相近。建筑形式在武当山建筑群的基础之上还借鉴了中式塔楼建筑的特点。山体和地形主要参考了中国中南部特有的丹霞地貌风景，具有较强的视觉符号感。如图5-42所示。

图 5-42 建筑与山体参考

图 5-43 中设计的龙卷云在一定程度上可以成为画面的视觉中心，也是最能体现本场景设计气势和氛围的元素。因此专门搜集了一些现实中龙卷云的形态作为参考。

(4) 灰度层次设计。

灰度层次设计完成的是场景氛围、明暗、层次的表现，这一关键步骤是后续细节深入和色彩表现的重要基础。画面的灰度设计遵循着一定规律：近处的物体较暗，远处的物体明亮。通过这样的方法，能够使用灰度素描关系的渐变和对比，建立一个画面的基本空间感。

图 5-43 龙卷云形态参考

图 5-44 就是灰度层次设计图：前景从画作延伸到右侧的山石离我们最近，所以在明暗上最重；其次是右侧处于中近景位置的山石和植物，使用深灰色进行填充；中景的山脉和建筑是整个场景设计的主体内容，在灰度层次上处于中间调（中间调的灰度优势在于：黑与白、明与暗都可以对其产生衬托作用）；接下来是中远景的连绵山脉剪影，使用的是更亮层次的灰；天空离镜头最远，因此选用了接近于白的灰色；画面中的龙卷云在深度层次上跨度较大，能够看到它在灰度层次上的明暗过渡。在图 5-44 灰度层次设计的基础之上，还加入了简单的光影与明暗，让画面的空间感和对比度得以加强，能够感到场景的主光源来自右上方的天空。

在处理灰度层次时，Photoshop 中的图层管理同样需要注意，从图 5-45 中可以看到，分层依据对应的就是画面不同的灰度层次。这样的分层方法能够大大地提升数字绘画效率，在后续环节中，无论是进行调色，还是细节绘制，都能快速准确地找到对应的目标内容。

图 5-44 画面灰度设计与层次处理

灰度层次完成后，可以将草稿线与其他图层进行合并。

（5）着色与色调调整。

有了灰度层次的基础，上色步骤的难度就会大大降低。在这个案例创作中，使用效率较高的着色方式：使用 PS 中的"色相/饱和度"工具，为图 5-46 中的每个图层进行着色。着色的步骤要使用灰调和相对较暗的色彩，避免使用过于明亮、饱和的颜色。

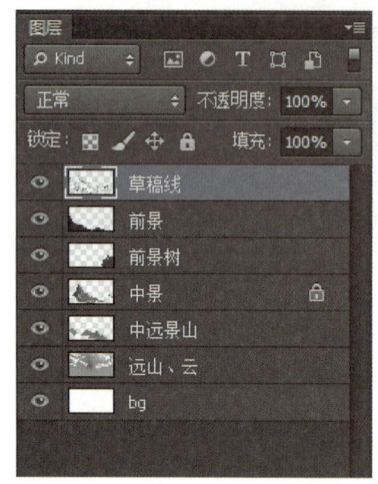

图 5-45　灰度层次图层

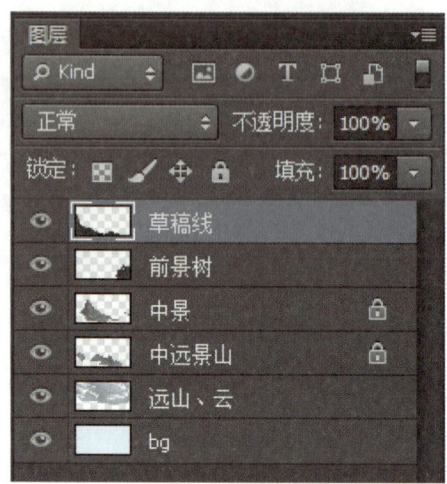

图 5-46　画面灰度设计与层次处理

图 5-47 是着色步骤的完成效果，可以看到这个步骤对色彩的选用是偏暗、偏灰的，前景是墨绿色调、中景是青灰色、龙卷云与远景山脉是灰蓝色，只有天空使用了相对明亮的浅蓝色。在基础色调上加入了绿色的植物、岩石受光面的亮灰色、云朵高亮区域的浅灰色，画出细节的变化效果。

图 5-47　着色调整图

（6）光色细节深入。

着色步骤完成之后，得到场景的基础色调设计图。随着绘画的不断深入，我们使用"色相/饱和度"工具来调整每个图层的色调，不过在深入环节更多地还是使用画笔工具直接进行色彩绘画。

首先绘制的是天空和龙卷云最明亮的区域,天空与远景山脉交界区域受光较强,使用渐变工具为这一天空受光区域添加了更纯亮的蓝色。龙卷云的高亮区域选择偏黄的灰白色进行提亮。提亮了受光面自然需要压重阴影区域,所以接着选用了紫灰色对龙卷云的暗部进行了刻画,让云朵的立体感更强,如图5-48所示。

图 5-48 着色调整图

场景山石、植物和建筑部分的深入有赖于更加清晰和明确的结构。所以针对这些场景元素的深入刻画时,要特别注意对其立体结构的塑造。针对山中的建筑物,主要参考的是中式塔楼建筑,结合素雅的黑白配色进行深入,如图5-49所示,在前面草图的基础之上重点刻画了屋顶、翘角等建筑结构,让建筑结构更加清晰明了。

图 5-49 建筑细节的深入

场景设计的深入过程其实与绘画的深入过程非常类似,需要格外注意的是对整体效果和设计思路的把握,不能因为专注绘画的细节,而丢失了设计最初阶段对于场景的构思。

图5-50所展示的是本案例继续深入后的效果,从整体效果上看,场景已经比前面着色阶段显得更加清晰和立体:中景山体与建筑也加入了冷暖、明暗的对比,前景山石与植被也在暗调基础上加入了更多细节。但是目前的画面色调略显阴郁,阳光的温暖感仅在龙卷云的右上方得以体现,而场景主题的山石、建筑都笼罩在冷色调下。所以,接下来的深入过程就要集中解决这一问题。

图 5-50　细节的立体刻画

为画面添加暖色通常可以直接使用画笔工具配合适当的暖色来进行覆盖绘制,但是在这个案例中为大家介绍一种更快速的方法:使用 Photoshop 的"色彩平衡"工具。

色彩平衡工具可以通过调色的方式快速有效地改变画面的色相,从图 5-51 的示意中可以看到它的基本功能:青色与红色、洋红与绿色、黄色与蓝色是本工具的三种基本色相对应工具,可以拖动色轴上的滑块来改变图像的颜色倾向;同时,色相的改变还可以针对画面中特定的明度区域,如阴影(暗部)、中间调、高光(亮部)。

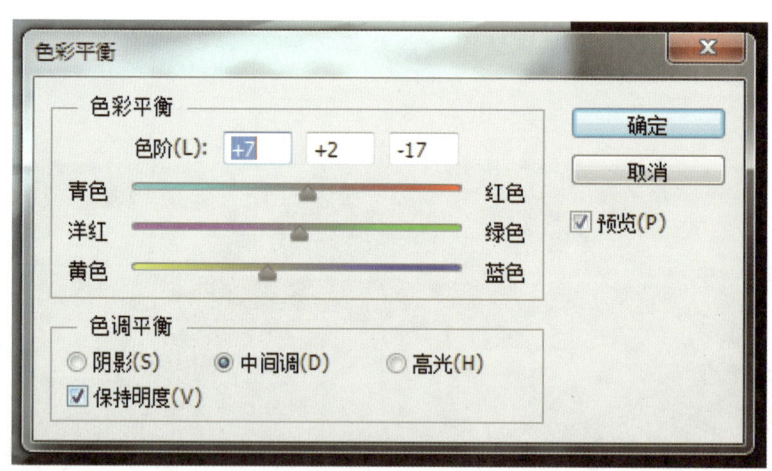

图 5-51　色彩平衡工具示意图

使用色彩平衡工具进行调色,高光部分大幅减弱了蓝色与青色,使其更加偏黄、暗部区域略微偏红紫、中间调也适当减弱了冷色的影响。于是就得到了图 5-52 的效果。

在前面的基础之上,继续为画面添加适当的亮部细节,前景的光照影响、树木的半透光效果等,本场景原画设计就基本完成,如图 5-53 所示。

5.3.2　透视构图与细化深入

本案例通过草图筛选的方式确立场景设计的基础,接着再进行绘画深入。这种方法具有一定的随意性,根

第 5 章 游戏场景设计

图 5-52 场景色调调整

图 5-53 细节调整

据创作者的灵感迸发选择切入点。当然，也可以通过更加计划性的方式来进行场景设计，下面的案例内容就围绕透视构图展开，相比方法一更具规划性。

(1) 通过透视线建立思路。

通过本章的理论学习，已经认识到了透视在场景设计中的重要作用。图 5-54 就是按照一点透视原理画出的透视参考线，通过相对严谨的透视线来规划场景的空间与纵深。在图 5-54 中，选择了一个相对水平的俯视视角来设计场景，在参考线中简单勾勒出了右侧的一块岩石结构作为整体透视角度的实物参照。

在这个设计案例中，设计思路想要表现的是一座浮空的岛屿和城堡。依照透视参考线的角度，快速勾画出了城堡的大致形态，如图 5-55 所示。

图 5-55 中城堡的主体位置比较含糊，因此可将岛屿的体量放大，并且移动至更居中的位置。同时加重了岩石与建筑的轮廓线，让场景的结构形态更加清晰，并且使用一些更虚的线条来描绘陪衬用的远景山脉，如图图 5-56 所示。

119

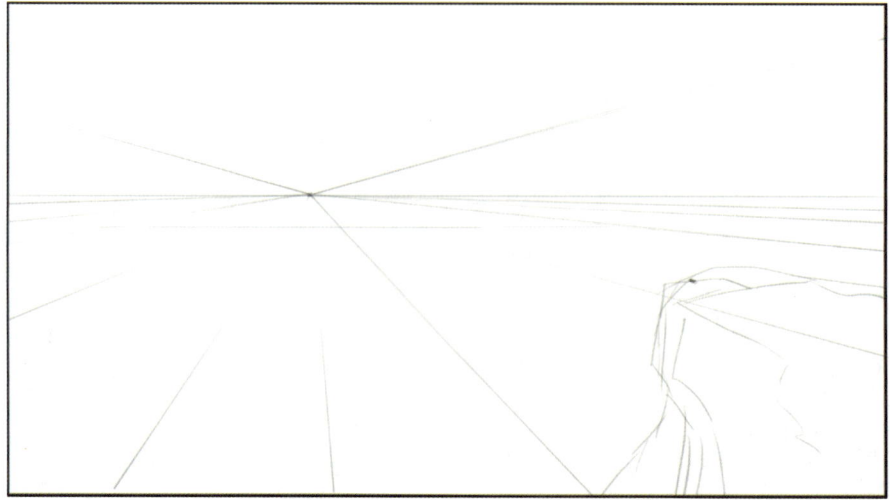

图 5-54 透视线构图

图 5-55 主体场景草图

图 5-56 场景构思的深入 1

通过透视线来设计场景内容，灵活性相对较低。在既定透视限制中去安排场景内容，往往需要经过反复的修改与思考。从图5-57中就能看到构图的继续改变：场景主体的浮空岛屿建筑更加突出，前后空间层次也更加丰富，但是画面的重心存在向下坠落的问题。

图5-57 场景构思的深入2

图5-58展现的是最终确立下的画面构图，完成的设计保持了一点透视的规律和视线角度，山势与云的形态在画面中产生了一种环形的趋势，将浮空岛的主体位置强化出来。

图5-58 场景主体的完整建立

(2) 灰度层次设计。

灰度层次设计的思路方法与案例一基本一致，其目的是确立更加清晰和丰富的画面空间，同时规划好图层内容，让上色和细节深入环节更具效率。图5-59是在之前构图基础上进行的灰度层次表现：天空处于最亮的层次，前景岩石处于最暗层次，其他的空间层次在两极之间做渐变分布。

在灰度层次设计深入的过程中，对场景的构图又进行了修改：为了加强俯视感与场景的体量感，把前景的岩石与人物改成了上下联通的峭壁；中景的岩壁高度也进行了相应的调整，以突出山势的险峻；远景的山脉轮廓也切分的更加细，以强调距离感，如图5-60所示。

图 5-59 场景灰度层次表现

图 5-60 场景构图修改

与第一个案例一样,在进行灰度层次设计时同样需要特别关注图层的管理。浮空城的场景空间层次要比上一个案例更加复杂,所以对应的图层内容也会更多。如图 5-61 所示,将所有的图层都按前后顺序排列好,并且给予对应的名称。草稿线的图层透明度调制 44% 左右,以降低草稿线对原画深入的干扰。

在最终的场景设计中,又对主体岛屿的细节进行了修改,庭院中加入了水池和落下的瀑布,浮空城市建筑中还加入了灯火的细节以及冲天的光柱,如图 5-62 所示。

(3) 色彩细节表现。

本案例使用的上色方式与前一个案例一样,先使用"色相/饱和度"工具着色,随后再用画笔进行深入刻画,同时配合渐变工具与色彩平衡工具进行润色与调整。本案例选择了夕阳的暖色调,借助日落时辉煌的色彩来表现场景的气势,同时也可以制造场景主体背光的剪影效果,突出画面的气氛,如图 5-63 和图 5-64 所示。

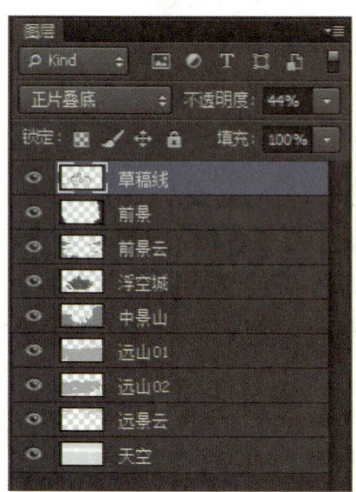

图 5-61 图层示意

第 5 章　游戏场景设计

图 5-62　场景灰度层次完成

图 5-63　场景着色

图 5-64　阳光细节的刻画

123

游戏美术设计

在 Photoshop 中制造明亮的光耀效果，可以使用"颜色减淡"的图层叠加方式。本案例的太阳效果就使用了这种方式，如图 5-65～图 5-67 所示。

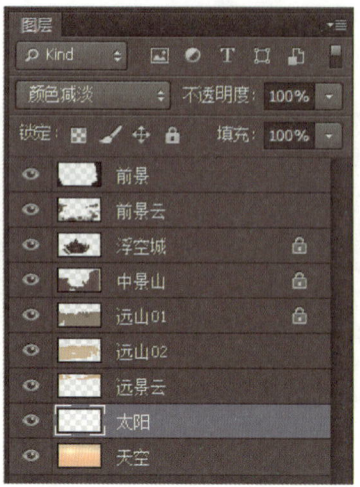

图 5-65　阳光的叠加方式

图 5-66　背光感的强化

图 5-67　背光气氛的强化

5.3.3 场景色彩厚涂法

前两个案例介绍的设计方法，能够有效帮助读者寻找场景设计的创作思路。但是两个案例的上色过程比较类似，都是在灰度层次设计的基础上，通过先上色后细化的步骤。下面再为大家介绍一个更加灵活的场景设计方法——色彩厚涂法。

色彩厚涂法在游戏人物设计章节中已经通过案例介绍过，其实场景设计的色彩厚涂法与人物设计非常类似，都是使用画笔工具和颜色直接进行覆盖式的绘画来进行。使用厚涂法进行场景设计，其实类似于绘画、插画的创作过程，是一种更加灵活、个人的艺术表现行为，主要通过色彩表现设计语言，完成画面的内容。

使用色彩厚涂法进行场景设计，线稿草图的功能性会相对降低，它仅仅作为上色的参考线。本案例设计的是一个瀑布边的室外场景，如图 5-68 所示。

图 5-68　场景线稿草图

在草稿图的基础上，直接开始上色步骤。通过橄榄绿、深灰和浅蓝的块面平涂，场景中前景的树木与岩石、中景的湖面与瀑布、远景的山脉轮廓被确立下来。如图 5-69 所示，看到许多设计上的修改，如远景山脉的轮廓，是直接通过色彩平铺的方式完成的。

图 5-69　色彩平铺

绿色的树叶略显普通，为了让场景更具有游戏美术的奇美与惊艳，特意把场景中的植物都改成了红色。构图在此步骤中也做了微调，加大了天空的留白范围，让画面显得更加透气，如图 5-70 所示。

图 5-70 色调与构图调整

基本色调确立后，总是习惯先从亮部色调开始细化。树木的受光面体积感、前景岩石的亮部层次、中景湖面和瀑布的反光亮部、天空与远山的空气透视，都在这里进行了深入处理，如图 5-71 所示。

图 5-71 添加亮部色调

与前面的案例过程类似，在细化亮部色调之后，需要继续深入暗部颜色以增强画面对比。从图 5-72 中可以看到在树冠的暗部、树干与前景岩石的暗部以及中景瀑布的暗部区域加入了与环境色呼应的浅蓝。

图 5-72 结构细化与暗部色调深入

本案例使用的是厚涂法，因此图层数量与分类明显要比前两个案例简单许多。但是前景树木岩石、中景湖泊瀑布、远景山脉与天空的大层次依然分布于不同的图层，这样做的目的也是便于后面的修改与调整效率，如图 5-73 所示。

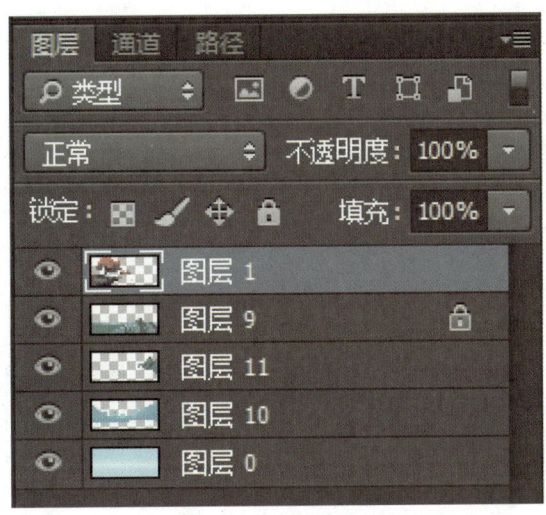

图 5-73　分层示意图

图 5-74 是场景的继续深入效果，使用"色彩平衡"工具为本案例的主要图层添加了暖黄调，使画面在原先的冷调基础上更加丰富。构图与场景结构内容在这一步骤中也进行了修改，为了加强画面的开阔感与纵深感，对湖面进行延伸，同时把中远景的山势修改成更加平视的角度。

色调、构图、结构等场景主体方面确立之后，就需要耐心的深入刻画局部。使用第 3 章给大家介绍的一些数绘笔刷的制作技巧，在这里专门针对树叶、岩石的深入制作了对应的笔刷，如图 5-75 和图 5-76 所示。

图 5-74　调整与深入

图 5-75 细节刻画

图 5-76 完成效果

6

游戏美术设计

第6章 三维游戏美术制作

6.1 三维游戏美术制作概述

6.1.1 美术资源与硬件限制

(1) 美术资源。

游戏视觉表现需要使用到的内容和元素都被称为美术资源。它包括游戏角色、场景、道具的三维模型与贴图纹理资源，UI界面的图片、按钮、框架、标题文字，游戏角色制作好的动画循环，还有各种各样特效图片、序列等。这些内容都是无法直接在游戏引擎中完成的，需要游戏美术制作人员制作准备好然后打包导入到游戏引擎中，通过拼装组合搭配完成游戏场景、关卡，让游戏可以进行。

(2) 硬件限制。

接触或者使用过三维软件的人都知道，一个三维场景中模型的数量越多、贴图越大、动画越复杂，那么运行速度也会相应的变慢。游戏的运行机制也是如此，游戏的进行其实是游戏主机的硬件设备不断读取各种美术资源，并且运算、分析各种逻辑关系和数据让游戏内容按照游戏规则与关卡执行的过程。游戏的画面表现是实时渲染出来的视频与图像，硬件设备既要计算复杂的数据与逻辑又要不断地把美术资源渲染出来，这种硬件限制是目前游戏开发中无法避免的问题。游戏美术制作上形成的规范与特点与硬件限制这一客观问题是关系紧密的，可以说游戏美术中许多的规矩都是由此而来的。

在游戏美术资源的表现上，需要考虑硬件资源节约与游戏运行的效率问题。通常，游戏的美术资源会避免使用多边形面数较高的模型而使用简单模型配合贴图来达到效果，避免使用复杂的解算系统模拟布料而是用骨骼动画来模拟，避免使用复杂的场景动态灯光而是使用游戏引擎中效率较高的光照烘焙。通过种种这些方法与技术手段来使得游戏运行更加优化。次世代游戏不断进步与发展，游戏主机硬件的能力不断地提高。相信硬件对游戏美术表现的限制会不断地降低。

6.1.2 模块化与元件化

游戏美术制作常会选择模块化与元件化的方式来进行，把需要表现的美术内容拆分成若干组或单元分别进行制作，再复制、组合，最终拼合成完整的游戏内容。通过这样的方式可以用最少的美术资源来达到丰富的组合效果，实现在资源最节约条件下的优化表现。这样的制作方式在游戏场景制作中较为常见。游戏场景中物体如：树木、石头、花草、人造建筑等都可以拆解成组件或元件分别进行制作，最后再拼合以完成场景的搭建。

图6-1中展示的就是著名的MMORPG游戏《魔兽世界》中场景的组件，火盆、盔甲支架、门板等场景内容都是分开进行的制作，完成的组件会以美术资源的形式整合进游戏引擎中，再通过复制于组合摆放，搭建出整体的场景。

6.1.3 制作流程、特点与规范

三维游戏美术的制作流程主要围绕美术资源本身的制作展开，主要包括模型制作、贴图绘制、角色绑定、动画制作、特效四个模块。三维游戏美术的制作流程与三维动画制作流程在基础性环节（模型、材质、绑定、动画）上较为相似，不同的是灯光渲染等最终的视觉表现是通过游戏引擎来实现的，而不是渲染图片序列进行输出。

图 6-1 《魔兽世界》游戏场景组件

(1) 模型要求。

三维游戏美术的模型制作首先要求面数精简,因为复杂的模型会占用较多的系统资源,并且对硬盘存储空间的需求也较大,所以游戏美术模型师往往需要用尽量少的面数来表现最丰富的立体造型效果。其次,游戏引擎往往还要求游戏模型三角面化。

(2) 贴图的重要性。

三维游戏美术对贴图的表现力要求较高,因为贴图对系统资源和硬盘存储空间的消耗较小,所以大多三维游戏作品都采用简单模型、复杂贴图的方式呈现画面。贴图的表现力,可以通过本章节中的游戏制作案例进行形象认识。

常见的游戏贴图格式有:jpg(高质量压缩图像)、png(高质量压缩带通道图像)、dds(DirectX 纹理压缩图像)等。

常见的贴图种类有:diffuse(表现固有色的贴图)、normal(制作凹凸质感的法线贴图)、specular(控制高光表现的贴图)等。

大部分的游戏引擎都要求贴图像素的宽高为正方形,并且像素大小为 2 的 N 次方,例如 512×512、1024×1024 等。

(3) 骨骼动画。

大部分三维游戏的角色动画也依靠骨骼进行带动,许多游戏引擎也支持骨骼动画的导入,游戏动画从制作原理上来讲与 CG 动画、动画电影类似。但是游戏动画在骨骼数量与绑定精度方面要比三维动画片、CG 短片低,这主要也是由于硬件限制与资源优化的需要。游戏动画的另一个制作特点是分段式,无论是角色的走跑跳、还是攻击、防御等动作,都是起止帧保持一致的循环片段。这些动作片段通过游戏引擎的统一管理和播放,最终呈现在画面中。游戏动画对角色表情的处理也较为简单,这也是受制于硬件条件,但是随着游戏主机性能的不断提升和游戏引擎功能的日益强大,越来越多的次世代游戏开始加强对于人物表情的表现。

(4) 特效制作。

常见的游戏特效包括画面效果性内容(场景雾、火焰、雨等)和交互性内容(如玩家施放的法术效果、刀光与打击效果等),这些特效的内容大部分内容其实是在游戏引擎中进行表现的。通过游戏引擎实时表现这些内容,一方面是为了节约硬件资源,另一方面也是为了更好地配合游戏体验,这是游戏特效的最大特点。

6.2 三维游戏场景制作实例讲解

6.2.1 场景制作分析

本节内容将结合一个三维游戏场景制作案例展开对美术制作流程的综合介绍。图 6-2 中展示的就是本案例的设计图：一个充满黑暗哥特元素的城堡场景。虽然整体结构较复杂，但是仔细观察设定图，不难发现整体场景可以拆分成若干组件：尖塔、桥梁、城墙、峭壁等。其实在设计场景原画的过程中，就已经按照三维游戏美术制作的特点对场景进行了拆分。

6.2.2 草稿模型制作

通过对设计图的分析与拆解，可逐一对场景建筑组件进行制作。首先进行的是草稿模型的制作。草稿模型是使用极简的多边形面数和结构，快速表现三维立体内容的建模步骤。通过草稿模型的制作，能够确立三维游戏场景的建筑组件个数与具体形态。

（1）中心建筑。

中心建筑的形态与结构在全景的设计图中不是很明确，所以在这里使用草图的形式进行了分解设计，为建模提供清晰的指导。

根据图 6-3 的草图构思，使用 Maya 软件制作出中心建筑的草稿模型。从完成的模型截图中能看到三维对二维草图的还原是比较概括的，尖刺结构细节、门框细节的结构都没有进行表现。草稿模型的目的是快速完成场景组件，以便较快地拼合成整体场景，然后从全局的角度再对每个部件进行修改，最终确定每个建筑组件的最终比例和形态，如图 6-4 所示。最后再进行深入制作。

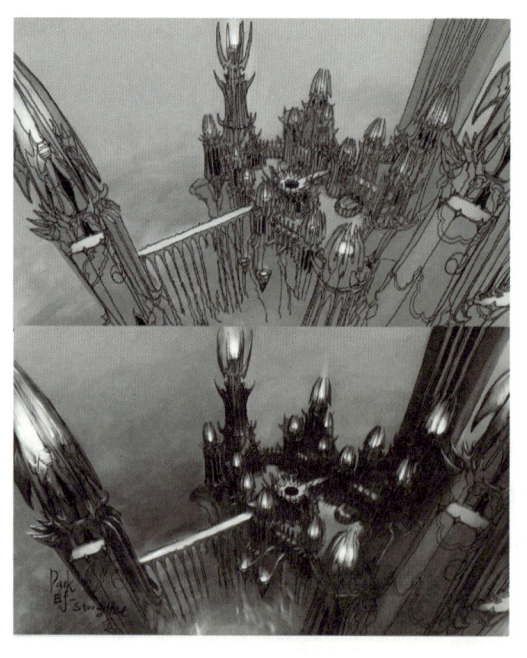

图 6-2 黑暗城堡场景设计图

图 6-3 中心建筑草图

（2）墙体。

墙体建筑的制作也遵循简单概括的原则，使用最简洁的方块与面数较少的多边形搭建完成，如图 6-5 所示。

（3）桥梁。

图6-4 中心建筑草稿模型

图6-5 墙体建筑草稿模型

桥梁的比例比较夸张。因为本案例的城堡场景坐落在悬崖峭壁边，桥梁连接的是主体区域和远处的尖塔，地势险峻。搭建桥梁的草稿模型时，还放置了代表人物大小的红色小方块，用以提示建筑的整体体量，如图6-6所示。

图6-6 桥梁草稿模型

（4）尖塔。

尖塔的制作加入了更多的细节结构，因为尖塔的造型对场景的整体气质影响较大，这个组件的使用次数也最多。因此在块面结构的基础上加入了尖刺和棱角，如图6-7所示。

（5）门楼建筑。

门楼建筑连接的是地面和二层城墙，结构与教堂类似，是本场景中最复杂的一个建筑组件。虽然草稿模型阶段要求造型尽量精简，但对于细节镂空和尖刺结构也进行了表现，如图6-8所示。

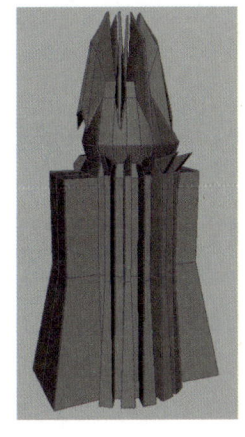

图6-7 尖塔草稿模型

图6-8 门楼建筑草稿模型

游戏美术设计

　　五个基本组件都完成之后，就可以通过复制、变形、移动这些资源来搭建最终的场景效果。使用草稿模型来制作场景初稿的方法快速有效，在细化深入制作之前，就能提前看到场景完成后的大致感觉。对比图6-9的草稿场景效果和图6-2的设计图，虽然在细节方面还不完善，但是初步的三维场景已经很好地展现了设计图中的气势与特点。

图6-9　使用基本组件搭建完成的三维场景草稿

6.2.3　模型组件的深入

（1）组件的再次细分。

　　草稿模型阶段确定了场景的基础组件，接下来进行的环节是对各场景组件的深入制作。组件的再次细分是模型深入制作的第一步。

　　组件的再次细分也需要一定的设计指导和参考，所以要在草稿模型的基础结构上，进行了细节的设计。如图6-10所示，要对门楼建筑的结构进行了细化设计：为屋顶的大块面添加了棱角细节，加上了尖刀似的翘角，并且对翘角的造型进行了分类，规划了对这一资源的重复使用；在建筑两侧的飞扶上刻画了细节，使其具有更强的纹理感；在外形的基础上对建筑的内部结构进行了剖析；同时也考虑了人物与建筑的大小关系。

134

第 6 章　三维游戏美术制作

图 6-10　门楼建筑组件的细分设计

通过图 6-10 的细分设计草图，就可以把门楼建筑组件的细分内容确定下来。门楼建筑组件的主体由四个零件组成，如图 6-11 所示。

(a) 飞扶装饰结构

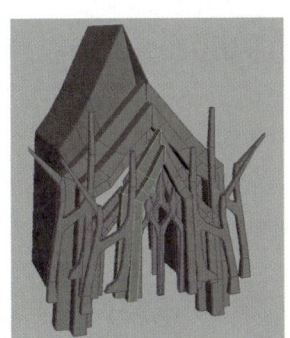
(b) 屋檐与立柱侧墙

(c) 门内框架结构

(d) 门内小型框架结构

图 6-11　门楼建筑零件

(2) 零件的深入制作。

零件深入制作的过程，是在草稿模型的基础上深入处理轮廓性、结构性造型，完成的模型组件就会用于拼合最终场景。对比图 6-12 的内容和草稿模型的截图，能看到后期模型制作的深入内容。虽然深入制作完成的模型面数较高、造型的准确性也更加精确，但是并没有完整表现二维设计图中的许多细节雕刻和纹理。这些细

135

节内容在三维游戏美术的制作过程中,通常会在贴图绘制时使用法线、高光等贴图进行表现,以节约模型资源的消耗。

在原有模型基础上加入了一些新的零部件让这个建筑组建更加丰富,如图6-13所示。

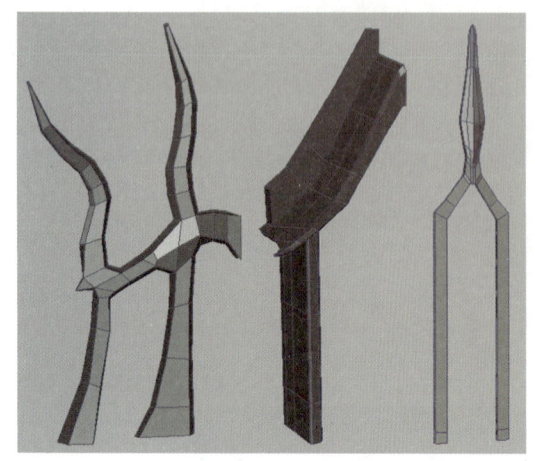

图6-12 零件完成图

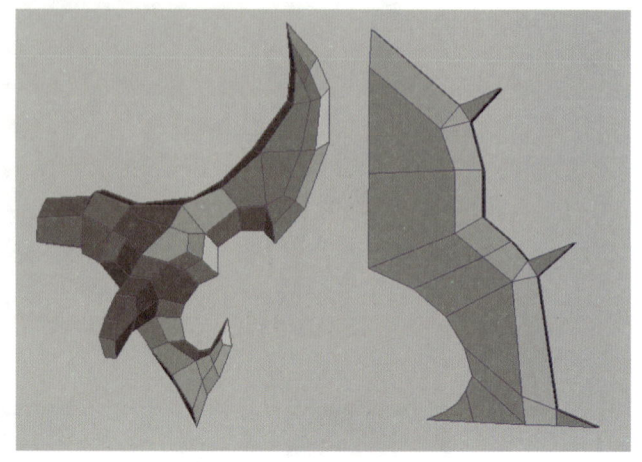

图6-13 屋顶翘角与飞扶零件完成图

(3)门楼组件拼合。

在完成所有零部件最终模型后,就可以拼合完成最终版的门楼建筑组件,如图6-14所示。

图6-14 门楼建筑完成图

(4)尖塔组件。

图6-15所示的是与门楼建筑类似,尖塔建筑同样也是由小零件拼合而成的,完成图6-16所示的尖塔建筑。

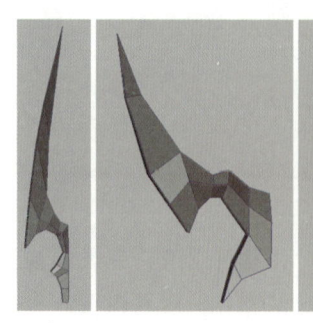   

(a) 尖刺01　(b) 尖刺02　(c) 塔体01　(d) 塔体02　(e) 塔基

图6-15 尖塔建筑零件细分

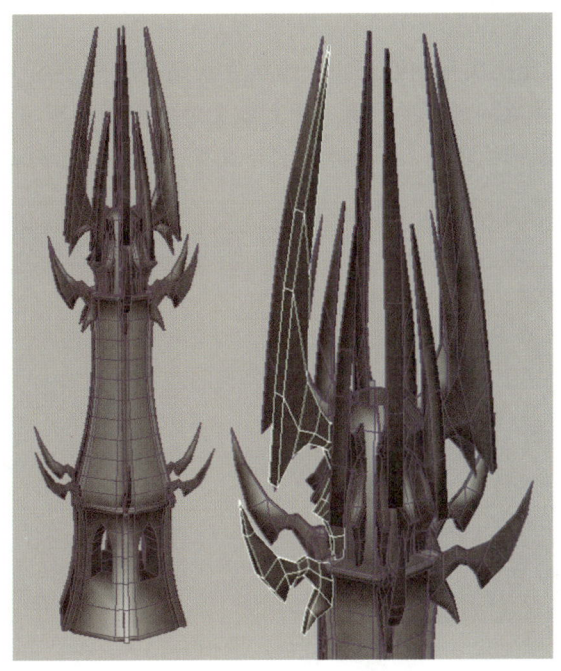

图 6-16 尖塔建筑完成图

6.2.4 拆分 UV

(1) 组件化 UV 拆分。

UV 坐标信息是贴图正确显示的基础。在三维游戏美术中，UV 的拆分也会按照零部件单独进行。这样处理，许多场景零件会重复使用相同的图像内容，大大节约了资源。如图 6-17 所示，塔基与塔体两个组件的 UV 分布在了同一个方形范围内，并且中间的三角形区域是基本重合的，这样的制作思路就体现了对图像资源的合理优化。

通过组件化的 UV 拆分，大大降低了美术资源的消耗。整个场景的主体建筑只用了 4 张 UV 贴图就完成了分配，如图 6-18 所示。

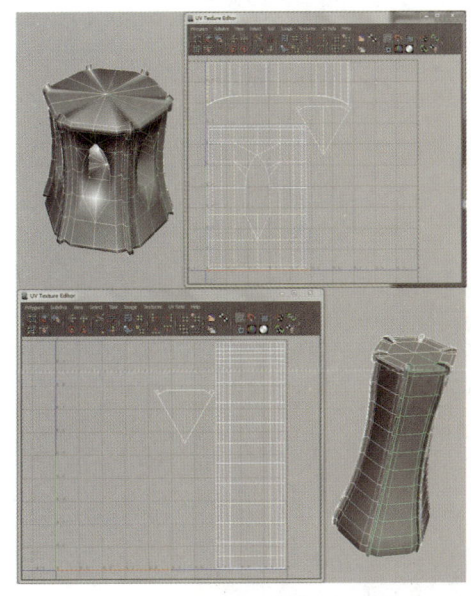

图 6-17 尖塔塔基与塔体组件 UV 拆分示意图

图 6-18 场景全组件的 UV 拆分图

(2) 比例保持。

UV 拆分的重要原则是对三维比例关系的匹配：三维组件之间存在一定的大小比例关系，UV 坐标图虽然是二维图像，但是也要尽量保持物体之间既定的比例，否则就会造成贴图分辨率的不匹配，影响画面表现效果。

如图 6-19 所示，门楼建筑装饰组件的 UV 坐标比例与真实三维组件比例基本一致。

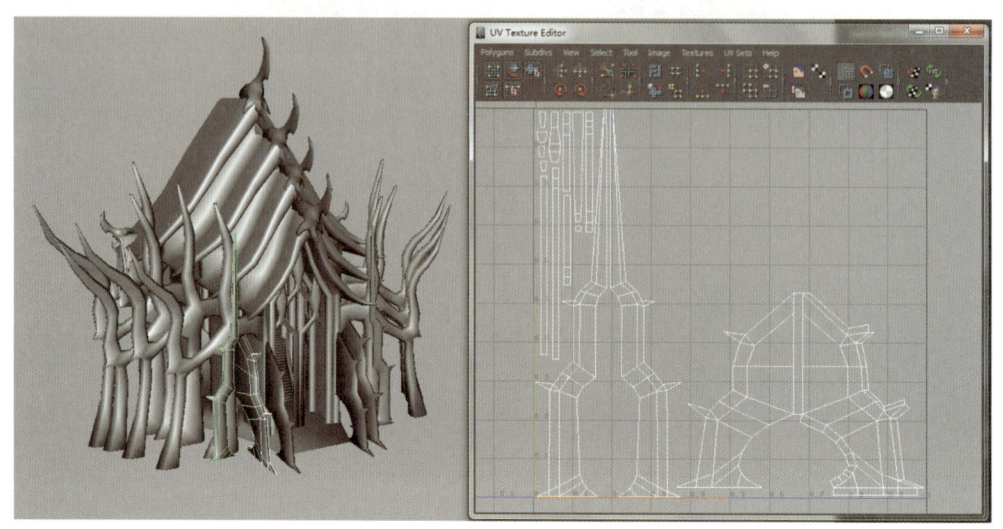

图 6-19　门楼建筑 UV 拆分示意图

6.2.5　总场景组合

所有场景组件的 UV 拆分完成后，就对组件进行大量复制并且拼合最终场景了。按照草稿模型的位置与比例将简单模型替换成最终组件，便完成了最终场景的搭建，如图 6-20 所示。

图 6-20　最终场景模型拼合效果图

6.2.6 贴图制作

贴图是三维游戏美术制作最重要的环节,由于游戏模型表现力上的限制,贴图需要承担更多的画面表现功能。物体的颜色、质感、细节纹理、凹凸结构等内容,都需要借助不同类型的贴图以配合游戏引擎的材质渲染来表现,贴图制作工作占据美术的大部分。

(1) 熟悉 UV 与模型的对应关系。

绘制贴图之前,需要熟悉 UV 坐标图的各范围与实际模型内容的对应关系,如图 6-21~图 6-24 所示。以门楼建筑的四张 UV 关系图为例,关键性的参考线与面积需要了然于心,在后面的绘制过程中也要反复确认,以免造成图像的错乱。

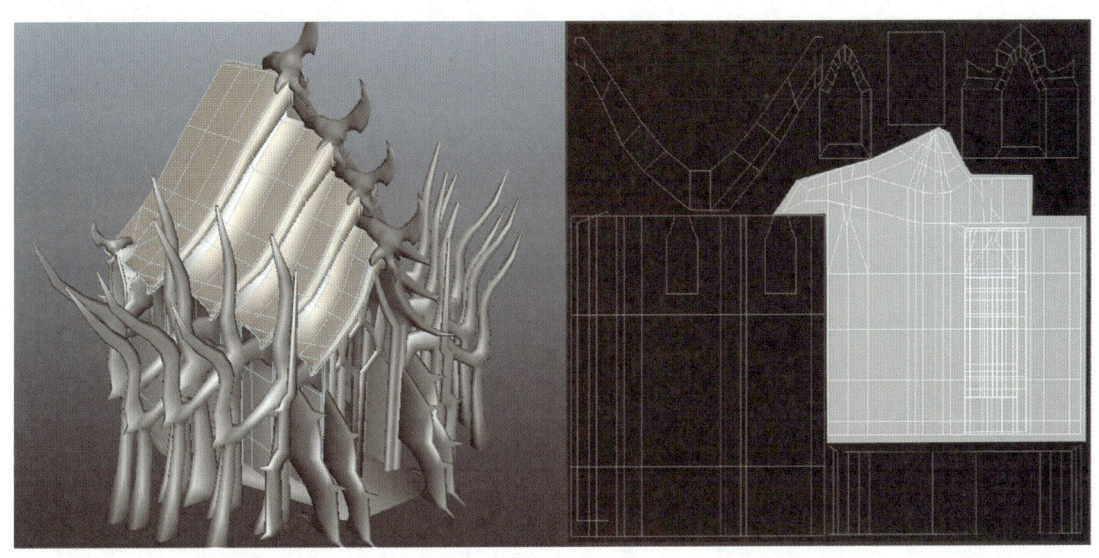

图 6-21 门楼建筑屋顶的 UV 范围

图 6-22 门楼建筑墙壁的 UV 范围

游戏美术设计

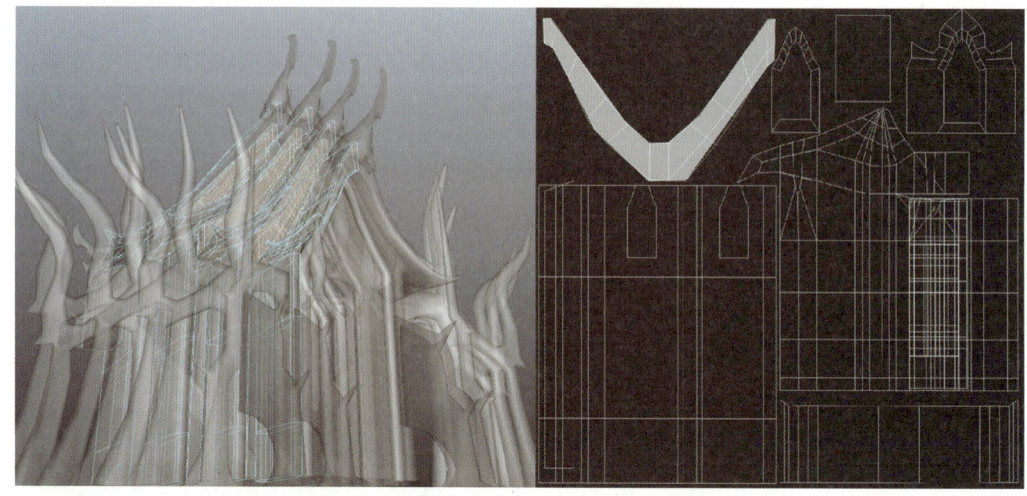

图 6-23　门楼建筑天窗的 UV 范围

图 6-24　门楼建筑二层通道墙壁的 UV 范围

(2) 绘制灰度细节图。

灰度细节图表现的是建筑的细节结构，这些结构上的细节被表现在由黑到白的灰度变化中。灰度细节图一方面是为了给后面的 color 颜色贴图绘制提供参考，更重要的是利用灰度的变化制作法线贴图，实现在简单模型结构上的细节凹凸效果。

门楼建筑的墙壁模型只有简单的一个平面，为了更好地增加细节，按照二维设计图的细节绘制了一些尖锐的突起结构。这些尖锐的浮雕造型也存在一定高低关系，灰度越深的层次结构凸起越小，相对越浅的层次越凸出，如图 6-25 所示。

屋顶表现结合了一些大胆的元素，加入了类似龙鳞、爬行类动物皮肤的结构，让单调的大块面屋顶变得更加丰富，同时具有一定的生命感和侵略性。屋顶的细节同样遵循灰度高低的基本规律，从图 6-26 和图 6-27 中，能感觉到这些结构的立体感。

按照同样的风格与灰度规律，继续完成了其他门楼建筑部位的灰度细节图绘制，在 PS 中使用组和图层，管理好每个区域的图像资源，如图 6-28 所示。

图 6-25 墙壁的灰度细节

图 6-26 屋顶的灰度细节

图 6-27 天窗与二层通道侧墙的灰度细节

在全部区域的贴图灰度绘制结束之后，使用"盖印可见图层"命令，合并整张灰度。然后使用"亮度/对比度"工具加强图像的明暗对比，最后得到的灰度贴图将用于法线和高光贴图的制作，如图 6-29 所示。

（3）Crazy Bump 插件的使用。

使用 Crazy Bump 插件可以快速有效地将灰度细节图转化成次世代游戏使用的法线贴图，也可以高效地制作环境光贴图、凹凸与高光贴图。下面详细地结合门楼贴图的制作介绍一下这个功能强大的插件，如图 6-30 所示。

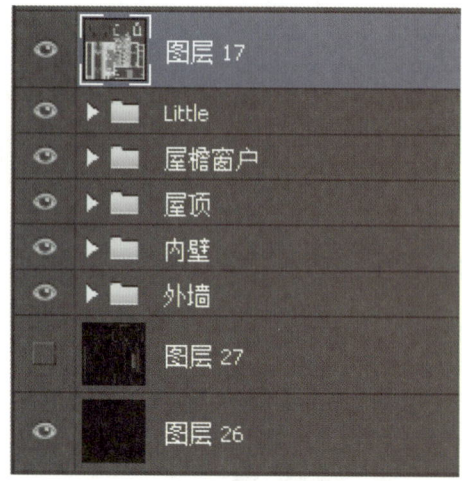

图 6-28 Photoshop 中的图层管理

图 6-29 灰度细节图完成

图 6-30 Crazy Bump 插件打开界面

打开 Crazy Bump 插件后，选择需要制作的贴图类型。灰度细节图是由黑到白的高度信息，所以这里选择"打开高度图（Open height map from file）"，导入绘制好的灰度图片，如图 6-31 所示。

接下来是制作凹凸的重要步骤：选择凹凸的方向。通过仔细对比左右两个方向，发现右边的凹凸方向是想要的效果：即明亮区域凸起，黑暗区域凹陷如图 6-32 所示。

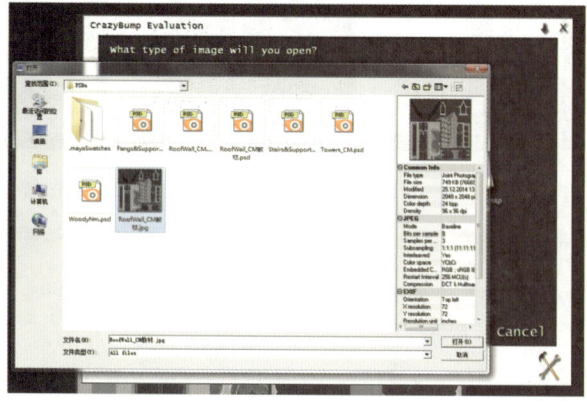

图 6-31 打开高度图

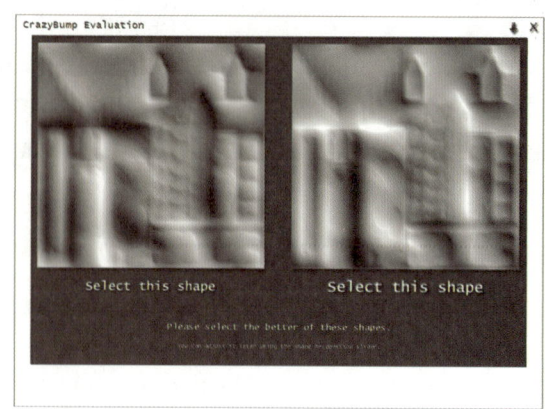

图 6-32 选择凹凸方向

软件经过运算后，得到图 6-33 所示的界面：这张红蓝紫色的图片就是需要的法线贴图，右侧是法线贴图贴在材质球上的预览效果。

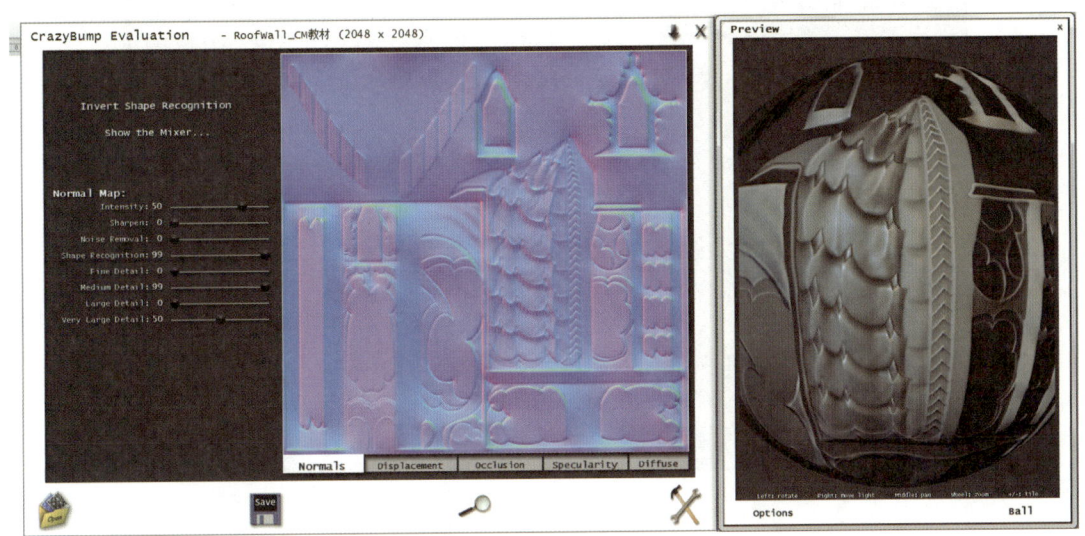

图 6-33　法线贴图生成完毕

球体观察起来不是很直观，可以选择右下角的"Ball"按钮切换材质球形状为"BOX"，如图 6-34 所示。

到这一步时，Crazy Bump 已经生成了几种形式的贴图，可以根据需求进行细节调整。如图 6-35 所示初始状态的法线贴图表面有明显的不规则凹凸，所以需要通过数值控制让凹凸效果更加平整。

图 6-34　材质球切换为方形显示

图 6-35　法线贴图的初始状态

通过调整锐度、变形与细节数值得到平整的凹凸效果，如图 6-36 所示。在预览窗口按住鼠标右键拖动，可以控制灯光的方向和位置，以方便观察法线贴图制作出的凹凸效果，如图 6-37 所示。

接下来使用同样的思路，再调整高光贴图的数值控制明度与锐度，保存下完成的贴图素材如图 6-38 所示。

（4）绘制 Color 贴图。

Color 贴图表现的是三维物体的固有颜色，有了前面环节绘制的灰度细节图，以及制作完成的法线贴图和高光贴图，color 颜色贴图的绘制就已经具备了很好的基础。

143

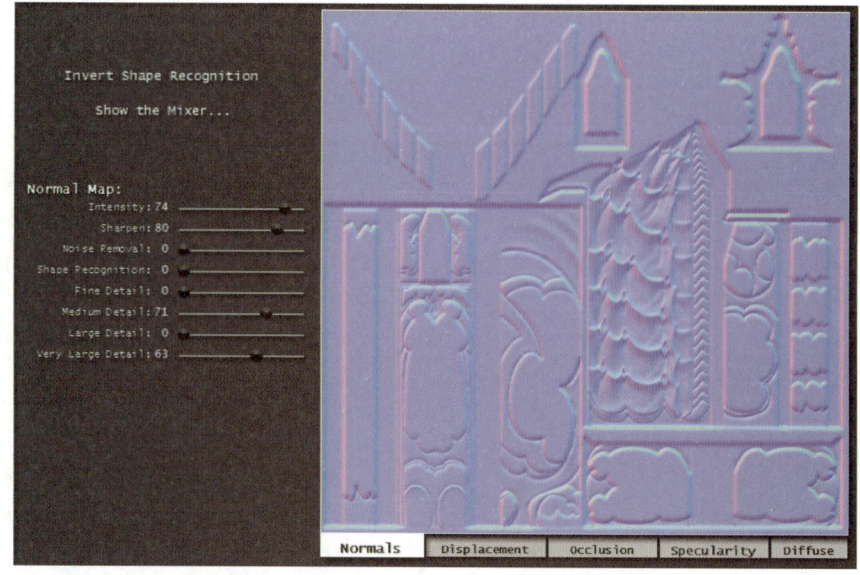

图 6-36　细节数值调整

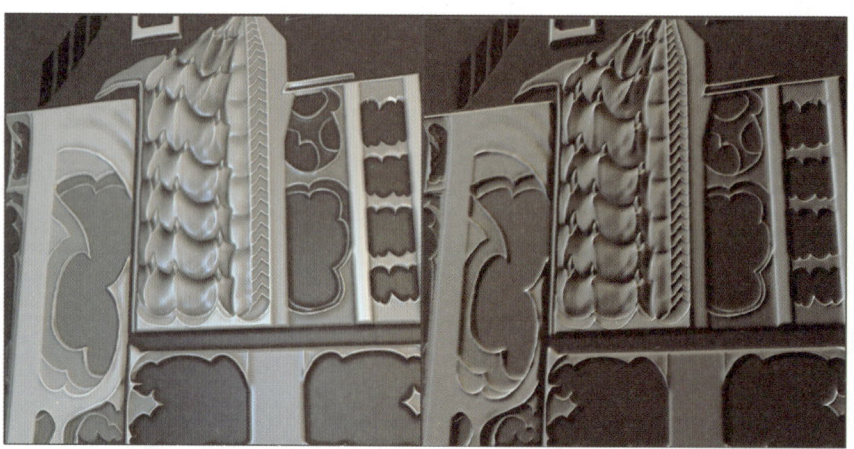

图 6-37　法线贴图制造的凹凸效果

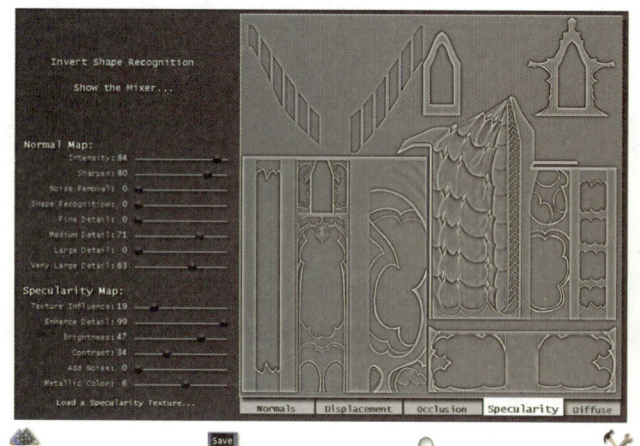

图 6-38　高光贴图的调整效果

首先使用"叠加图层效果"或"色相饱和度"工具为整个灰度细节图添加一定的颜色倾向。如图 6‑39 所示，为了突出城堡整体的黑暗气质，选择偏暗的蓝紫色作为色彩基调，如图 6‑40 所示。

图 6‑39 整体色调调整

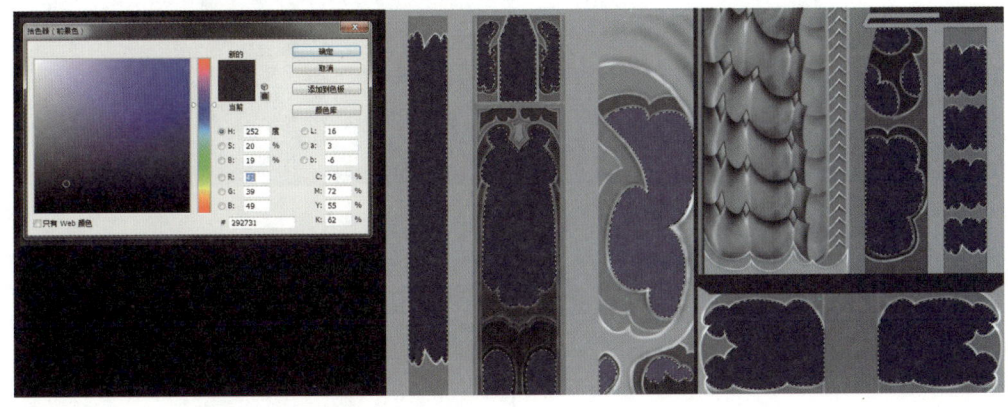

图 6‑40 选择较灰的暗紫色为选区做区域着色

仅仅注重色彩本身还远远不够，质感同样是贴图制作的重点。在这个案例里，想要表达厚重的感觉，因此选择粗糙的墙体灰度纹理为贴图增加细节。图 6‑41 所示的是纹理贴图与叠加之后的贴图效果。

法线贴图也可作为素材巧妙地为 Color 贴图增色。打开前面使用 Crazy Bump 制作完成的法线贴图，如图 6‑42 所示，复制法线贴图的蓝通道到新建的图层，得到如图 6‑43 左侧的黑白图片。其实法线贴图的蓝通道记录的就是细致的深度结构变化，使用这张图片作为阴影效果叠加在 Color 贴图上可以加强立体感。

在蓝通道黑白图的基础上使用"色阶"工具，"色相/饱和度"工具，"亮度/对比度"工具，再结合一些素材画笔绘制，就可以得到如图 6‑43 右侧的细节效果。使用处理好的素材对下方的图层使用正片叠底，就制造出质感更加厚重的效果，如图 6‑44 所示。

图 6-41 墙体纹理与叠加效果

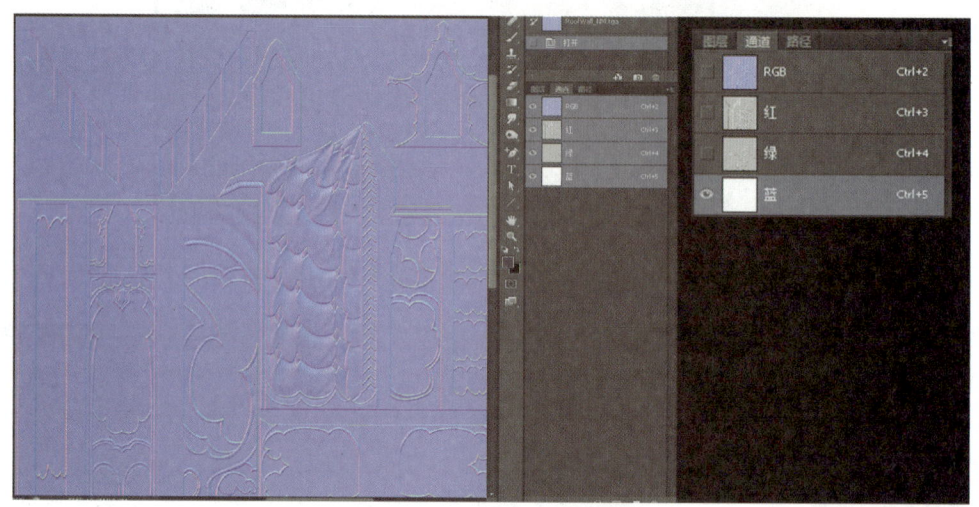

图 6-42 复制法线贴图的蓝通道

图 6-43 法线贴图蓝通道与调整后的效果

第 6 章 三维游戏美术制作

图 6-44 蓝通道叠加后的效果

到这一步，Color 贴图就拥有非常丰富的基础效果，接下来需要为整体设计添加更丰富的色彩效果。为了表现城堡场景的华丽，添加一些黄色，为建筑增加金属质感。表现这一效果并没有直接使用画笔工具进行覆盖式涂抹，而是使用了"叠加"的叠层方式，将黄色染在整体贴图之上，如图 6-45 所示。

图 6-45 黄色叠加

接下来仍然使用"叠加"的图层模式对局部细节进行提亮。使用画笔工具绘制局部提亮的黑白图，进行叠加提亮，如图 6-46 所示。

局部叠加提亮后，画面会有些灰。因此再次添加黄色丰富画面，这里使用的是锐利的画笔，深入刻画建筑物金属勾边的细节，让画面显得更加精神，如图 6-47 所示。

147

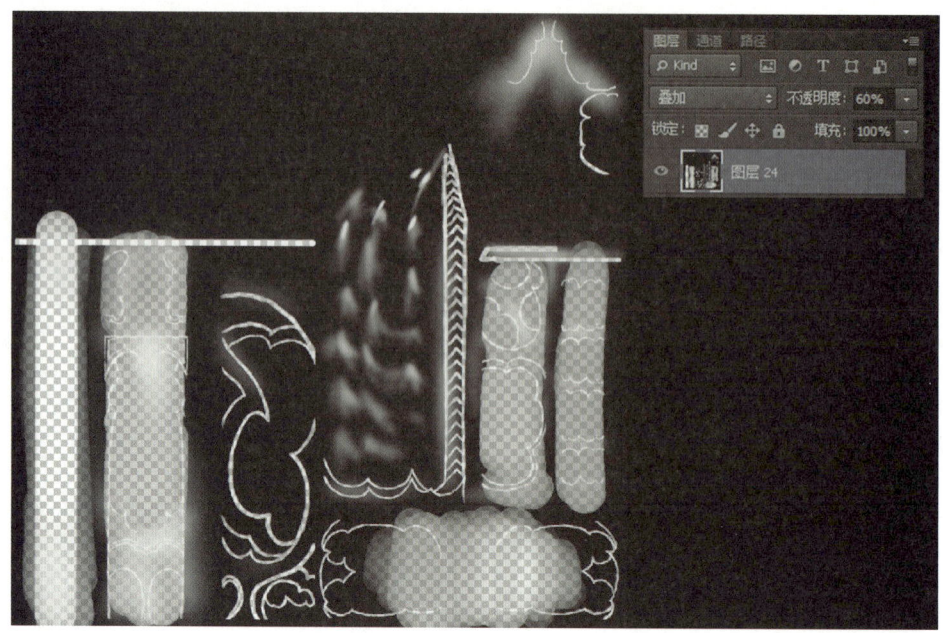

图 6-46 黑白图叠加

图 6-47 黄色勾边

最后调整画面的对比，复制刚刚画完的细节图层，让叠加效果更佳明显。完成后的效果，如图 6-48 和图 6-49 所示。

6.2.7 三维效果表现

三维模型和贴图素材全部制作完成之后，就可以在三维软件中进行效果表现了。在这个案例中使用的是 maya 软件来制作材质资源，将颜色贴图（color）、高光贴图（specular）、法线贴图（normal）结合起来进行效果表现，如图 6-50 所示。

第 6 章 三维游戏美术制作

图 6-48 黄色勾边

图 6-49 贴图全部完成的效果

游戏美术设计

图 6-50　门楼组件与贴图效果

通过在三维软件中制作材质，对最终效果进行灯光预览表现，如图 6-51 所示。目的是为了检查贴图与模型的结合程度，是否完成了设计阶段的构思。在此步骤中会结合灯光与高光的整体效果，对贴图的明度、对比度做最后调整。

图 6-51　门楼组件的灯光预览效果

图 6-52 是明度调整完成之后，场景组件的拼合效果。城堡黑色与金色的强烈对比、尖锐的轮廓细节等美术元素，很好地还原了场景原画的设计内容。至此，本案例三维场景美术制作的内容全部结束，如图 6-53 和图 6-54 所示。

第 6 章 三维游戏美术制作

图 6-52 场景组件的灯光预览效果

图 6-53 游戏引擎中的颜色与灯光渲染

图 6-54 游戏引擎中的场景最终效果

151

作者简介

贾云鹏

副教授，硕士生导师，北京邮电大学数字媒体与设计艺术学院副院长，北京高等学校示范性校内创新实践基地主任。奥运会"福娃"设计专家组专家，中国电影家协会新媒体工作委员会理事，中国电影家协会动画电影工作委员会理事，教育部高等学校动画、数字媒体专业教学指导委员会数字媒体技术专业组专家，Autodesk官方认证大中华区三维动画教育专家，先后主持了国家社科基金和北京市社科基金等科研项目，发表论文20多篇，出版有《三维动画特作基础》《三维动画设计》两本专业教材。担任多项大赛和电影节评委。

张若宸

北京邮电大学数字媒体与设计艺术学院专业教师。2010年毕业于北京电影学院动画专业游戏设计专业，2014年硕士毕业于北京电影学院数字3D动画创作专业。参加《兔侠传奇》《兔侠之青黎传说》等三维动画电影创作，担任美术设计。现任教于北京邮电大学数字媒体与设计艺术学院，主持三维动画、影视后期合成、动画创作等课程。